Older,
But
Better,
But
Older

做不老的
巴黎女人

THE ART
OF
GROWING
UP

〔法〕卡洛琳·德·玛格丽特
〔法〕索菲·玛斯
〔法〕安妮·别列斯特   著
〔法〕奥黛丽·迪万

刁玉 译

人民文学出版社
PEOPLE'S LITERATURE PUBLISHING HOUSE

著作权合同登记号 图字 01-2020-2878

OLDER, BUT BETTER, BUT OLDER
ⓒ Caroline de Maigret, Sophie Mas, Anne Berest, and Audrey Diwan, 2020
All rights reserved.

图书在版编目(CIP)数据

做不老的巴黎女人/(法)卡洛琳・德・玛格丽特等著;刁玉译. —北京:人民文学出版社,2023
ISBN 978-7-02-017960-2

Ⅰ.①做… Ⅱ.①卡… ②刁… Ⅲ.①女性-修养-通俗读物 Ⅳ.①B825.5-49

中国国家版本馆 CIP 数据核字(2023)第 072449 号

责任编辑	朱卫净　王雪纯
装帧设计	钱　珺
出版发行	人民文学出版社
社　　址	北京市朝内大街 166 号
邮政编码	100705
印　　制	凸版艺彩(东莞)印刷有限公司
经　　销	全国新华书店等
字　　数	90 千字
开　　本	890 毫米×1240 毫米　1/32
印　　张	8.375
版　　次	2023 年 6 月北京第 1 版
印　　次	2023 年 6 月第 1 次印刷
书　　号	978-7-02-017960-2
定　　价	98.00 元

如有印装质量问题,请与本社图书销售中心调换。电话:010-65233595

年龄不是什么大不了的东西，
除非你是一块奶酪。

——路易斯·布努埃尔

CONTENTS 目录

你知道事情和以前不一样了 | 3

你的第一次 | 7

你的第二个恋人 | 10

谁说男人会更优雅地老去? | 14

最好尽快 | 17

22岁抓拍 | 24

额外的东西 | 26

拥抱你的不安全感 | 29

每一次,你仍然忘记 | 34

化妆的诀窍 | 36

基思·理查兹会怎么做? | 42

爱情是一场游戏 | 46

对不完美的颂歌 | 54

更完美的屁股 | 58

中年危机 | 60

关于整形 | 62

我讨厌 | 66

隐形的女人 | 69

密码 | 72

老去,但更好 | 81

针头就是武器 | 88
那些你告诉自己正在健身的时刻 | 90
当你感觉糟透了的时刻 | 92
梦想中的绿色 | 97
那些你以为自己永远都不会说的话（第一部分） | 100
二十岁是你最好的年华吗？ | 104
你多少岁了？ | 110
真相，所有真相，毫不掩饰、赤裸裸的真相 | 112
家族度假 | 114
那位前任 | 118
皱纹 | 123
疯狂又荒谬的秘方 | 124
这是最后一次 | 130
重新定义"关系" | 132
呼吸的空间 | 140
需要一个同行者吗？ | 146
那些你仍然在听的歌曲 | 150
每个人都会如此 | 153
一次美好的经历 | 155
新的恋情 | 160
时髦小秘诀 | 164
大卫·鲍伊如何拯救了你的生活 | 172
爱的念想 | 174
那些你以为自己永远都不会说的话（第二部分） | 178
夜的死寂 | 180

新浪漫主义 | *186*

整形手术替代方案 | *192*

长期单身生活 | *197*

乐观的转折 | *200*

他们告诉你，时间会改变一切 | *202*

为什么是陶艺？| *206*

一些智慧 | *210*

前戏 | *216*

毫不费力的生活 | *220*

母与子 | *222*

适合你的款式 | *228*

继子 | *230*

长大成人 | *232*

年轻十岁 | *238*

那些你终于挺过去的事情 | *244*

巴黎那些时光停滞的地方 | *247*

致谢 | *257*

图片来源 | *258*

Older,
but Better,
but Older

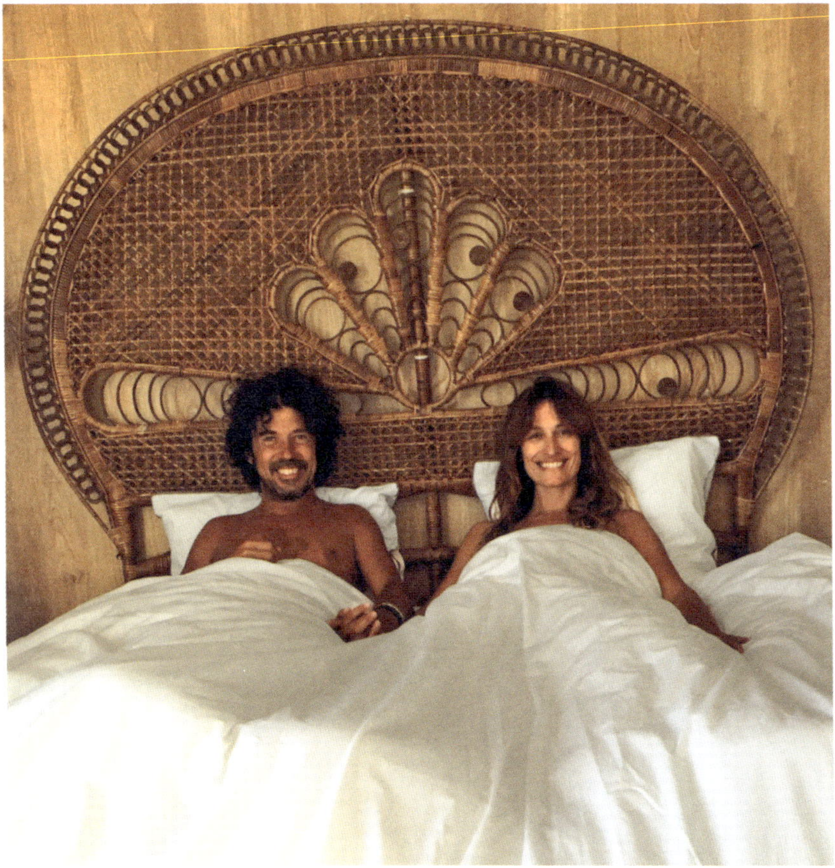

你知道事情和以前不一样了

　　当你早晨醒来感觉容光焕发，别人却告诉你，你看起来疲惫极了的时候。

　　当你去看皮肤科医生，只想咨询一颗痣，他却问你想往哪儿打肉毒杆菌毒素的时候。

　　当一个三十来岁的男人来到派对，看都不看你一眼的时候。

　　当你能从他的个性猜测他是哪种爱人的时候。

　　当法国总统年龄比你小的时候。

当你宿醉的次数比参加的派对多的时候。

当你更愿意在床上而不是在淋浴间做爱的时候。

当你在健身房做有氧运动,而不像年轻时只锻炼腹肌的时候。

当你发现自己每天都不得不化妆的时候。

当你一直认为某张照片里二十岁的自己糟透了,现在看来却觉得不错的时候。

当你不知道当红演员和歌手的名字的时候。

当有人说你的凝视很性感,而事实上你只是因为不想拿出眼镜而眯起眼睛的时候。

当你告诉某人,你看着他从小长大的时候。

当你给别人讲了一则十年前的趣闻,然后意识到其实已经过了二十年的时候。

当你早早上床睡觉,只为第二天精力充沛的时候。

当你发现自己开始对传记着迷的时候。

当你只是准备回家就兴奋不已的时候。

当你发现同事的出生年份,是你大学毕业那一年的时候。

当别人不再问你,何时要第二个宝宝的时候。

当一个年轻女性说,她希望有一天能看起来跟你一样的时候。

当你去妇产科是为了做乳腺检查,而不是避孕的时候。

当你感觉到身体某处的疼痛,担心它会是死亡预兆的时候。

当你的眼睛一只比另一只大的时候。

当你在网页上选择出生年份,需要不停地往下滚动鼠标滚轮的时候。

当你清晨醒来,发现手机的面部识别功能竟然认不出你的时候。

当别人告诉你"就你的年纪来说,你可真是太性感了"的时候。

当过去的你觉得某个年轻女孩的天真话语愚不可及,但现在只会对它一笑置之的时候。

当你发现枕头在你脸上留下了一道压痕,过了一周,痕迹却没消失的时候。

你的
第一次

　　"第一次"在你的人生中，曾占据举足轻重的地位。初吻时嘴唇干涩，心头小鹿乱撞。第一次领到的薪水如此微薄，你只用三个晚上就花光了。第一次去夜店，脸上涂了厚厚一层化妆品，想给别人留下情场老手的印象，内心深处却生怕被他们一眼识破。第一次将暧昧对象带回家见父母，他们有些为难，却没有难为你。你第一次独自在漆黑的电影院看完那场令人不安的电影。第一次开车上高速，引擎轰鸣带来的热度持续不退。第一次认真计算需要上缴的税款，意味着你终于长大成人。第一次被爱人毫无预兆地甩掉，却平心静气地疗愈了情伤，这令你自己都感到惊讶。或者，你失去了处子之身，但这好像也没改变什么。第一次，独自在自己的第一间公寓里过夜……这些欢欣、痛苦和肾上腺素飙升的时刻，标记着一个个时代的到来或结束。回忆这些令你成长的时刻，你百感交集。对现在的你来说，"第一次"的次数减少了，但仍在持续——以一种跟过去不同的、更复杂的形式持续。

当早些年发现第一根白发时,你似乎没有受到太大打击,这令你自己都觉得诧异。原因也许是,你知道一些朋友在二十五岁时就已经有白发了。

但这个"第一次"令你惊疑不定,内心深处生出一丝畏惧。在你察觉到这些情绪的那一刻,它立即就在你心中生根发芽,朝你挤眉弄眼。你的私处那根孤立又倔强的白色毛发,并不是海市蜃楼般虚幻的存在。你再三确认,甚至还拔了一下它——没错,它就在那儿,哪儿也不去。它自鸣得意地挺立着,占据了你全部的注意力,无言地传递着嘲讽和奚落。你不禁问自己:**这一切正常吗?**你还没来得及做好准备,一切都发生得太快了。当然,你知道你的身体不可能永远保持年轻,这是人生注定的轨迹。但这个"第一次",你一点儿都不想跟它扯上关系。

即将被这种不幸的想法淹没时,你想起了左边眉毛里那根介于浅亚麻色和白色之间的毛发。从十五岁起,它就一直在那儿了。它时短时长,一直毛糙糙的,像个独行侠般,不曾从那个固定的地方移动分毫。直到现在,从来没有另外一根毛发像它那样。如果这位新出现的同伴要宣誓它的独立,你也打算认了。只要它是唯一的一根。

回忆那些
令你成长的岁月时,
你满心喜悦。

你的
第二个
恋人

- 他也许不会是莱昂纳多·迪卡普里奥——但至少，他不会在你们初次约会后纠缠你。

    - 你们不在同一个地方长大，但你们说的语言是一致的。

- 他跟你想象中的人完全不同。不过幸运的是，现实战胜了小说。

    - 他的头发不太茂盛，但他愿意对你说很多不重样的话。

- 他年轻时，没有花时间去了解时尚的浪潮，不过，他的确读过《老人与海》。

    - 他赶不上飞速驶离的列车，但他知道所有最好的捷径。

- 他已经有了好几个孩子。这太棒了——你也是。

你知道事情
和以前不一样了

当你更愿意
在床上
而不是
在淋浴间
做爱的时候。

谁说
男人会
更优雅地老去?

你正跟高中好友们欢聚一堂，谈天说地。你们的关系十分要好，哪怕两年才能见一次。而即便见这一面，都需要每个人调整各自的时间表。

你感觉很棒，见到熟悉的笑脸，感受到关怀的目光，听到趣闻轶事。

谈笑间，你环顾饭桌，往后微微倾身，突然发现一件令人震惊的事：你身边的女同学竟如此美丽。她们有过艰辛挣扎，终获成功；她们也曾经历各种人生困境，岁月沉浮。但她们的共同点是：身材管理都做得不错，也确保自己仍然散发魅力。总之，她们活成了自己喜欢的样子。

但男同学那边的情况就不同了。

每个人，无论男女老少，或多或少都相信这句话：男人就像美酒，越陈越香。然而需要花费一些时间，你才能慢慢了解这句话背后的真相。人们说成熟男人吸引人，因为皱纹是经验的标志，让他们更性感。人们还说，他们肚子上的赘肉消减了年轻时的攻击性，因此更富有魅力。既然如此，他们为什么还要努力呢？不如保持现状……然而，有些人误以为成熟男人意味着糟糕的发型、皱巴巴的暗沉皮肤和巨大的啤酒肚，这就大错特错了。

一直以来，女人都在面对这些约定俗成、习以为常的不公平，被迫相信自己已经在"老去"这场战役中输了。因此，为了使自己看起来不那么糟糕，她们付出了两倍于男人的努力。奇怪的是，如果我们消除成见，尝试从另一个角度看待现实，就会发现：哪怕女性不比男性老去得更优雅，她们也的确十分得体。

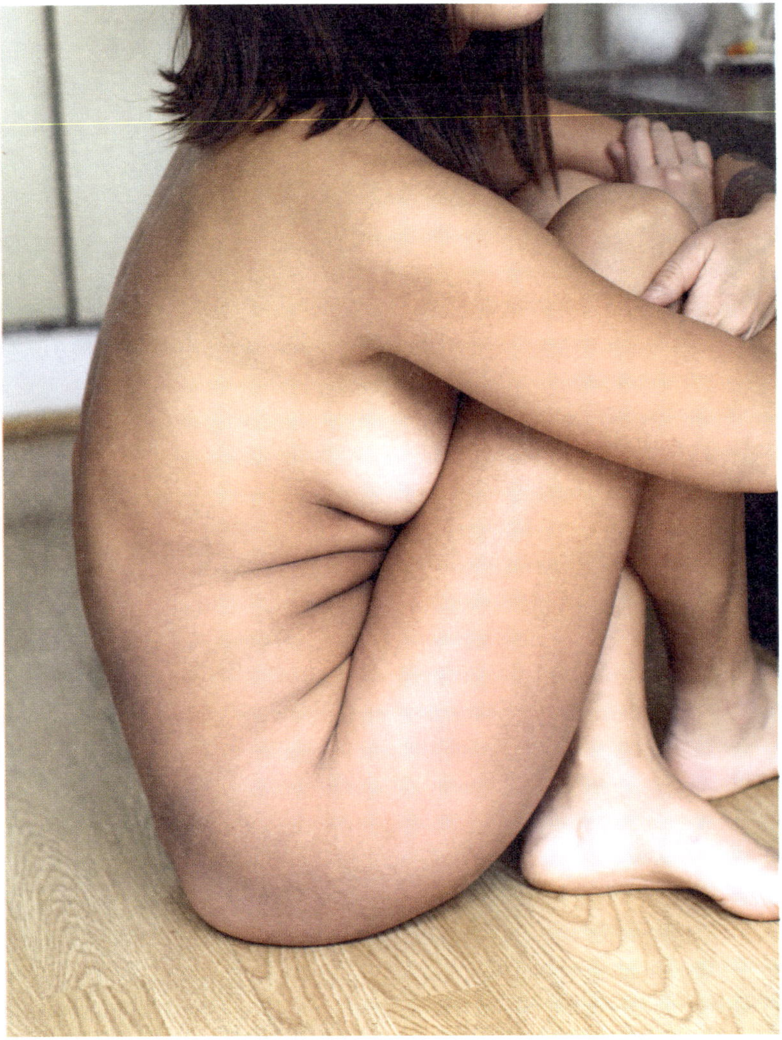

最好尽快

这只是一次常规体检。带着一种说不清道不明的热情,她每年都会去一次妇科检查:乳房 X 光检查、宫颈刮片检查、血压、体重,以及"你的例假还规律吗?"。只是这一次,跟医生之间的谈话触及一个隐秘的区域。

"你想要孩子吗?"

她并不想和自己的妇科医生讨论人生计划,但还是不由自主地回答了这个问题。是的,她的确想在某天成为一名母亲。但现在,她单身,并没有迫切想要一个孩子。

"那你得赶紧,时间不多了。"

一片静默。这些话仿佛有了重量,在诊室里挥之不去。

"你考虑过冻卵吗?"

仿佛她的未来就这样确定了，如同被盖上了保质期的印章。那些"没关系，你还年轻"的日子已经一去不返。这是一种策略，潜台词是："你这些年都干了些什么？"甚至更残酷："这个女人，她以为自己跟男人一样呢。"

扪心自问，她的确这么认为。奶奶那辈女人为自己争取到了投票权，母亲那辈女人争取到了性自由、节育、离婚和堕胎。到了她这儿，则是（或者说她认为是）和男性一样的权利：不依附于任何人，事业成功而不必带有罪恶感，生育孩子——出于自己的意愿。

这不是否认，而是渴望——和其他事务（比如工作，独立）一样，把目标变为现实的渴望。没错，我可以。这很简单：她还没找到合适的人。这个人能够了解她，让她尘埃落定。生孩子？以后再说吧。她还年轻，身体也健康，在椭圆机上做半小时运动也不在话下。怀孕？以后再说吧！多少女人四十岁时才生第一个孩子？她能想出足够多的例子，不用担心这些统计数据。

就在这时，一组琐碎的数据闯入了她的脑海：妇产科医生喋喋不休地说着方案、激素、治疗、激活、针头、手术等等。为什么？！她无可奈何地瘫在椅子上，尽管不情愿，却明白了医生的意思：生育能力在三十五岁之后就下降了，很多夫妇怀不上小孩……因此，他们不得不想办法"买时间"。

她绝对不会考虑冻卵，至少自己不会。想到冷冻箱里那些存放卵子的盒子，她觉得既荒谬又愚蠢。这是一个毫无诗意的过程：预先准备，评估测量，安全保存。爱情难道不是完全相反的吗？一次偶然邂逅，仿佛魔法般，发自内心又不可预知。她在一个传统的家庭长大，同时接受了二十一世纪新观念的熏陶。医生建议她回去仔细考虑一下，如果决定冻卵，现在就可以预约了。但他同时警告说，哪怕冻卵，也不能保证卵子的活跃性。

走出诊所，回到街上，她伸手在包里反复摸索，把钱包翻来覆去好几次，才终于找到车钥匙，发动了汽车：仿佛这样才能让她回到现实生活。之前在诊所的那一个小时如同虚幻。

* * *

她应该谈论这件事，还是保持沉默？ 接下来几天，她有意无意地提起这件事，发现它是一个很大的禁忌。它威胁了人们口中的"女性奥秘"——不，一个女人是既没有器官问题也没有生理问题的，她有的只是在双腿间孕育生命的能力。它是一种耻辱，抑或恐惧，尤其对于单身女性或错过最佳生育年龄的女人而言——资本主义的强制已经溜进了卧室。

慢慢地，她身边的朋友开始对她吐露心声，不同的想法开始涌现。有些人已经存钱做了冻卵手术，另外一些认为这个过程不符合自然规律，还有一些人对手术十分恐惧。最后，还是只能由她自己拿主意。

她鼓足勇气，攥着医生开的处方单，打开了医生给她的促排卵套盒。带着迷惑和一丝害怕，她心中很清楚：一切将会从她的下一个月经周期开始。

对她而言，月经周期的第一天意味着全新的经验。她和她的身体开始了一段新的关系：这一次，她千真万确地把自己的命运握在了双手之中。她捏起小腹，把那根极小的针头插进去。这时，她意识到自己真的能做到，而且这疼痛可以忍受——这已经是一个小小的胜利了。她确信自己能够完成这件事。无论如何，她对这些看上去不那么美观的组织、细胞、血管和器官心怀感激，因为它们组成了她。同时，她也已经准备接受它们的回答。

二十天后，她再次造访那家生育中心。那儿的等候室十分狭小，缺乏人情味。好在窗户是不透明的彩色玻璃，这样就不容易撞见熟人了：逾越常规时，人总会有点儿羞耻。她垂下眼帘，羞涩地穿过等候的人群。一切完成得很快：不到半小时，手术就做完了。她迷迷糊糊地从麻醉中醒来，有一种战胜自己恐惧的胜利感：她现在拥有九个冻在液氮里的卵子了。这一切非常简单，然而她还是有一种被穿透的感觉。她的皮肤下涌动着铺天盖地的海啸，快把她的心脏撑破了。她感觉自己失去了很重要的东西：DNA 的一部分，被夺走了。

* * *

接下来的几天，她不时地被阵阵悲伤击倒，但同时也觉得自己更加"自由"。激素回落到正常水平,她心里有很多疑问,但也知道这是一个全新的开始。这个过程与其说是手术,更像是一次重启,是她对"实现自我"的一次软件更新。她真的需要孩子吗?如果找不到合适的伴侣,她能独自抚养小孩吗?当她探索自身所求,问自己这些问题的时候,已经不会再害怕了。

回归忙碌生活之后,她意识到这是一份赠予自己的礼物,一件无与伦比的重要东西:一个选择的机会。以及,充足的陷入爱河的时间——出于真正的理由,而不是匆匆忙忙仿佛赶进度一般完成这件事。那座悬在头上、嘀嗒作响的钟对她而言,已经不再可怕;身体中此起彼伏、宛如定时炸弹般的倒计时声也消失不见。她怀着轻松的心情,想着自己那些小小的卵子——零下 196 摄氏度,存放在梨形瓶子中的自己的结晶——对那些未知的未来感到雀跃、好奇和欢欣。

你知道事情
和以前不一样了

当你发现
枕头在你脸上
留下了一道压痕,
过了一周,
痕迹却没消失的时候。

22 岁抓拍

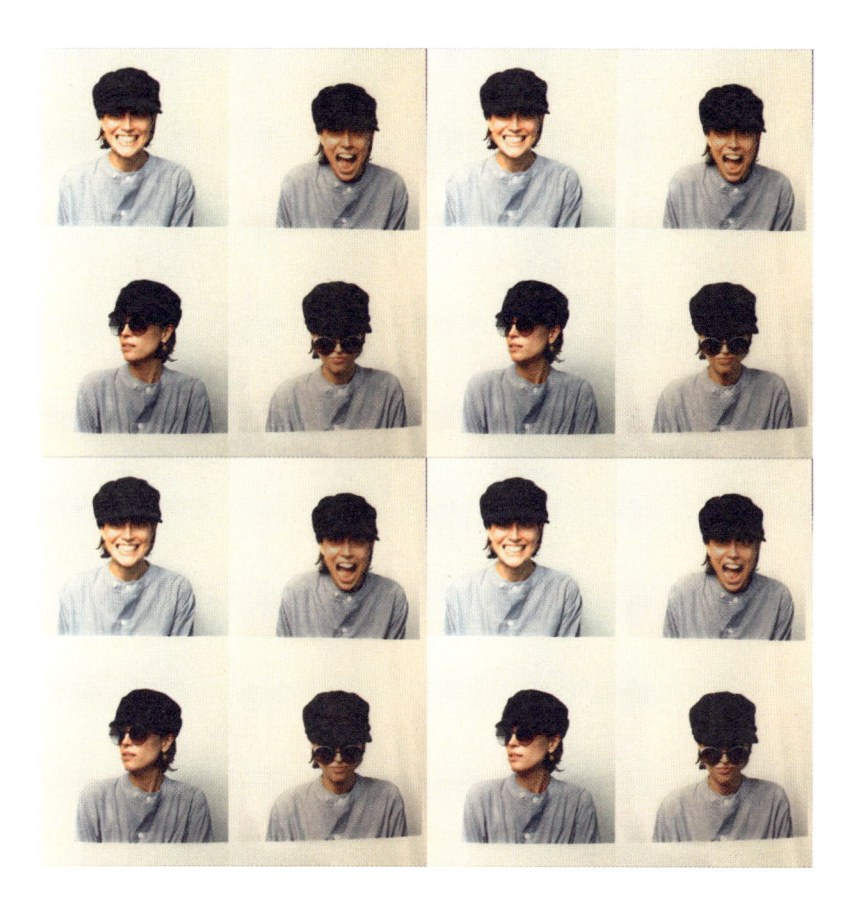

白葡萄酒给你心跳的感觉。	红葡萄酒染黄了你的牙齿。
后裤兜里晃荡着几枚零钱。	憔悴的脸上多出几条皱纹。
拼命奔跑,膝盖痛得要命。	练习瑜伽,无聊至极。
一个年轻的小姐。	一位年长的女士。
和年轻小伙子约会, 被认为老牛吃嫩草。	和成熟男人约会, 被误会找了个"干爹"。
玩到午夜才回家。	早上八点前就起床。
涂上防晒系数70的防晒霜, 保持皮肤白皙。	选择美黑, 对眼角的鱼尾纹泰然处之。
使用染发剂, 哪怕它会伤害你的头发。	坦然接受白发, 尽管它们会伤害你的自尊。
努力让自己看起来不像老妈。	接受现实, 你已经成为"你的老妈"。

额外的东西

从刚到派对那刻起，你便再也不能将目光从他身上移开了。他站在人群中，英俊潇洒，鹤立鸡群，被一群欣喜若狂的朋友簇拥着。虽然素未谋面，你却立刻就喜欢上了他。你甚至情不自禁地想象起有他的未来：某个夏夜，法国南部的一栋小房子里，你们坐在木桌边，喝着葡萄酒，谈天说地。孩子们蜷在床上，夜风里带着一丝暖意。

他发现你在看他，于是过来与你攀谈。你们相谈甚欢，喝了些酒，对彼此的感觉都不错。他亲吻了你，在你家度过了那个夜晚。

你很久都没对一个男人有这样的感觉了。一切都刚刚好，他触碰你的方式既热烈，又充满温柔的爱意。他觉得你很美，在耳边轻柔诉说着恰到好处的甜言蜜语。他用史诗般的叙事将你从日常的琐碎中解救出来，他从不过分谈论自己。这个男人，跟你最近约会过的、一眼就能看穿的、不知道自己到底需要什么的神经质男人不同：他活在当下。倒不如说，他真正想要的东西还没有出现。他与碌碌无为的凡夫俗子不同，他清澈宁静，胜券在握。他比谁都渴求你，在午餐时间给你发激情荡漾的信息：想要你，就现在。他按自己的意愿来去自如，正是这一点令你欲罢不能。

你喜欢他身上的神秘气息。但你对他不甚了解。他的上线时间把握得娴熟又精巧，你们也没有共同的朋友，至少在你看来如此。这时，你想到了带你去酒吧的那位儿时伙伴皮埃尔，也许他知道得更多。你给皮埃尔打了电话，约他在楼下的咖啡厅见面。你将这次的恋情和盘托出，告诉他你感到多么幸运，最终找到了一个相处如此融洽的男人。这一次，也许真的是命中注定。事实证明，当你遇到对的人，一切都如此水到渠成。你甚至还说，你要牢牢记住这一点，以备下次恋爱（如果还有下次的话）：如果感觉不对，千万不要勉强，不管他是不是你的真命天子。你告诉皮埃尔，他有一些地方你搞不太清楚的"额外的东西"，而这正是他与众不同的地方。

皮埃尔涨红了脸，低下头看着自己的脚，轻声告诉你："亲爱的，你说得没错，他的确有一些'额外的东西'，而且是不得了的东西：妻子和两个孩子。"

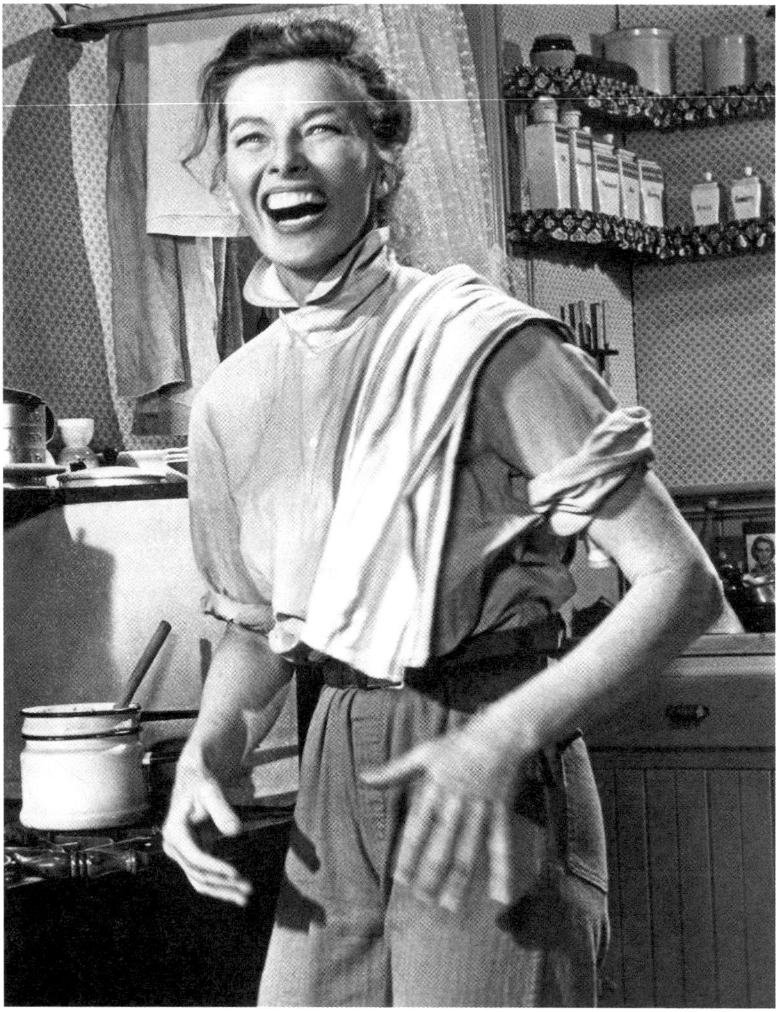

拥抱你的
不安全感

我不喜欢自己的臀部，非常不喜欢。自从十七岁那年夏天在一个俱乐部门口被一个男人告知我屁股下垂起，我就不喜欢了。

我完全不认识他。他可能喝醉了，或者是另一个想通过打击女性尊严来搭讪的混球：他很有技巧地暗示我，在那个派对上，他是唯一一个能接受我这具怪异躯体的男性。能找到如此慷慨大度又有包容心的人，我可真是太幸运了。

他的话的确很有杀伤力。我觉得是时候审视一下身后这个神秘的、对他人毫不遮掩、唯独自己看不到的物件了。以前带领我无忧无虑四处闲逛的莽撞劲儿，现在必须消停下来。

第二天一早，我想出了一个在沙滩上掩饰臀部的绝妙主意：取下浴巾后，用一种类似螃蟹走路的姿势，诡异地扭动骨盆，直到进入大海。自那之后，我就一直采用这种荒谬滑稽的"舞蹈"动作，相信这样能够掩盖我的臀部缺陷。

几周后的一个九月清晨，一个命中注定的问题闯入了我的脑海：高三的第一天该穿什么？看起来，我必须找到一个对抗重力的方法。

我没有宽松的裤子，只能突袭哥哥的衣柜，结果发现了一条剪裁考究的棕色长裤。我将它一路提到腰间，用皮带紧紧扎住。至于上面，我搭配了一件白衬衣，故意多敞开了一颗扣子，这样看起来有点儿像凯瑟琳·赫本，她那充满现代感的优雅一直启发着我。这身搭配圆满达到了它的最初目的——事实上，效果相当不错。在学校，朋友们都赞扬了我的新造型。

这是我第一次懵懂地意识到造型、时尚和魅力这些概念。我开始明白，只要把一个细节精进一点儿，就能对整体造成有趣的改观。而这一切是有价值的：它不仅是隐藏身体缺陷的阔腿裤，事实上，它赋予了我一种发自内心的、"老娘才不在乎"的漫不经心。我将穿衣上的拘束，发展成了令自己更美的个人风格。

直到现在我仍不敢相信，帮助我意识到这一切的，是一个俱乐部里的混混。

这条裤子赋予了我一种
　发自内心的、
"老娘才不在乎"的漫不经心。

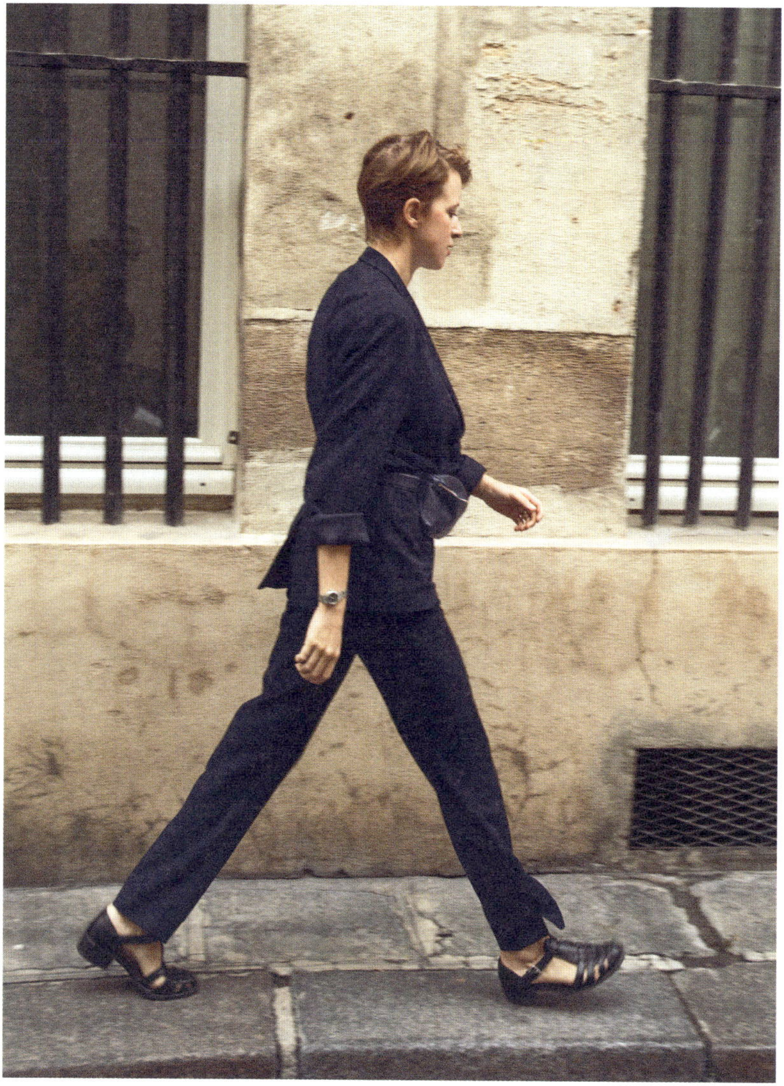

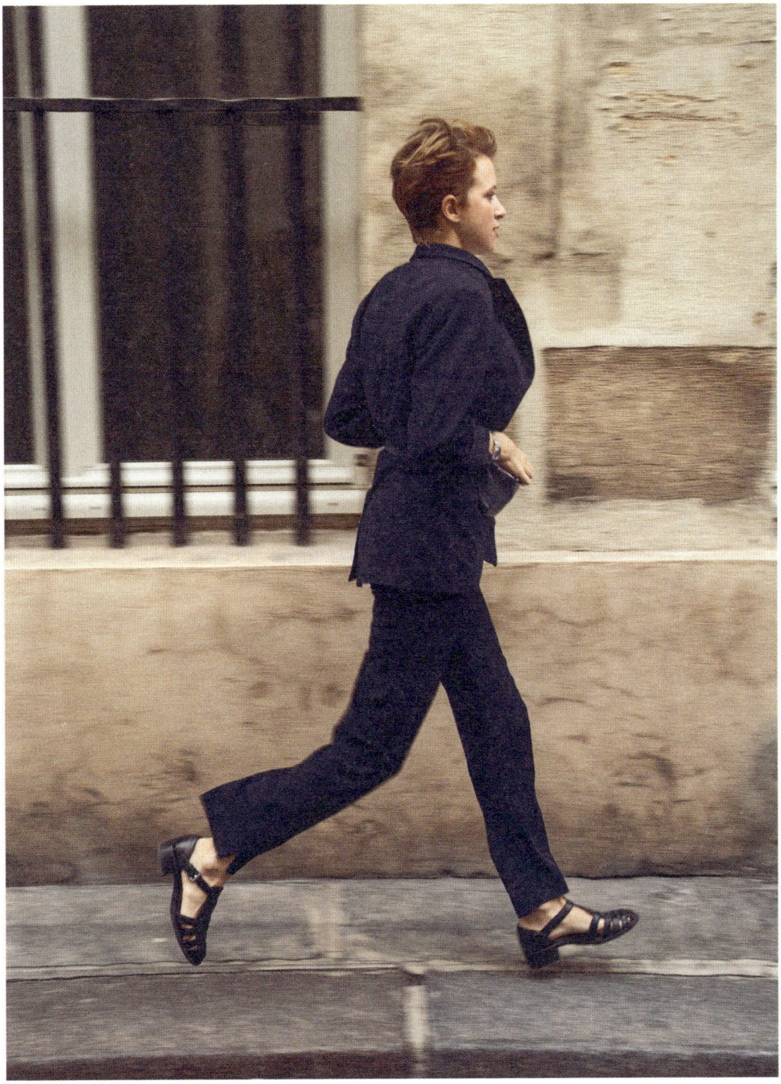

每一次，
你仍然
忘记

——在度假时计划工作是个糟糕的主意。

——**你的真实酒量。你仍然相信自己能够五杯下肚而谈笑风生。**

——跟你的公公婆婆外出度假一周有多么难熬。实际上，一个周末就够受了。

——**新恋情的出现总会伴随一些"包袱"：工作狂、旅行，有时甚至是前妻和孩子。**

——你总得迎战。你不能总是沉迷那些令你愉悦的事物。

——**幸福是可以习得的。它源自你自身。**

——你马上就要来例假了，这也许是你脾气暴躁的原因。

——**你应该只在光线好的时候照镜子**。而且，重要的是你的感受，而不是自己看起来如何。

——哪怕你的爱情生活一团乱麻，也总好过枯燥无聊。

——**健身对你的头脑而言，至关重要。**

——每次"混账先生"打来电话时，你都会好奇，自己当初为何在通讯录里给他如此命名？然后，你就想起来了。

化妆的诀窍

年岁渐长的一个好处是，你明白了适合自己的是什么。你了解哪些颜色和材质令你看起来光彩照人，你有最钟爱的腮红和眼部遮瑕膏牌子。你曾经以为化妆是一旦学会便终身受用的技能，却忘了年龄对你的影响。每一天，你的皮肤都愈加松弛，肤色又暗沉了些，轮廓也变得不再那么清晰。

这儿有一些对你如今的皮肤适用的小技巧：

* 冬日里光线晦暗，适量多用化妆品能令你和四周明媚起来。

* 从现在开始，多花点儿时间和精力打理你的头发。你会发现这是值得的。

* 你的皮肤已经不像年轻时那样光滑了——别在上面抹太多东西。

* 状态十分糟糕的早上，用冰块敷你的脸部和眼睛下面。这是个历史悠久的良方。记住，别让冰块直接接触皮肤，应该用布将它包起来，由下到上轻柔地按摩脸部。当然，如果你之前把冰敷眼罩放进了冰箱，那就更好了。

关于肤色

* 想让自己看起来容光焕发时,一定要小心。最好用亮色的粉底来提亮肤色。你可以试试在不太厚重的面霜中加点儿精华液。

* 选用质地顺滑的粉底,避开质地粗糙的,这会让你看起来更年轻。无论是粉底液、遮瑕膏还是粉底霜,都记得使用水基的,它们会更加轻薄、服帖,熨平你的肌肤。不要使用油基的——它们只会凸显你的缺陷。

* 选用膏状腮红,因为粉状腮红容易刷出界。更糟的是,粉末会卡进皮肤细纹,让它们更容易被看到。

关于眼部

* 想让你的双眼更突出,在眼睑上部画黑色眼线。

* 往眼睛下扑粉时要特别小心,这往往会令你肤色暗淡,还凸显眼袋。不如试试质地更轻薄的哑光眼影吧。

* 当你画眼线时,记得在眼尾把线条上扬,形成一个小小的钩状,而不是下垂。如果画的是猫眼妆,只需要加大一点儿弧度,但不要过于夸张。

* 避免闪粉太多的眼影,这会令细纹更突出。选用哑光质地的眼影。

* 记得提亮内眼角。当你年岁增长时,那儿会变暗沉。

* 卷翘你的睫毛,这样会让你的目光更有神采。

* 别再像年轻时那样，跳过涂睫毛膏的步骤——你的睫毛已经不再那么浓密了。

* 米白、灰褐、浅棕和古铜总能让你看起来很时髦。如果你的肤色偏暗，试试紫色或蓝色。与肤色形成鲜明对比的颜色也是一个选择，比如酒红、樱桃红、褐红、巧克力色和梅子色。

关于眉毛

* 化妆时，要一根根地涂眉毛，因为它们比较稀薄。首先顺着毛发的方向刷一遍，填补稀疏的地方。然后逆向刷一遍，让眉毛根根挺立，必要时再用凝胶固定。这样会在视觉上起到提拉眼部的效果。

* 用栗色或深棕色的眉笔，不要用黑色的。

关于嘴唇

* 在这个年纪，你的唇部轮廓已不再清晰，千万别用唇笔把唇线勾勒得太明显——这会暴露你嘴部周围的细纹。更好的方法是善用遮瑕，让你的嘴唇轮廓更明晰。

* 太过深色的唇膏会显得老气。

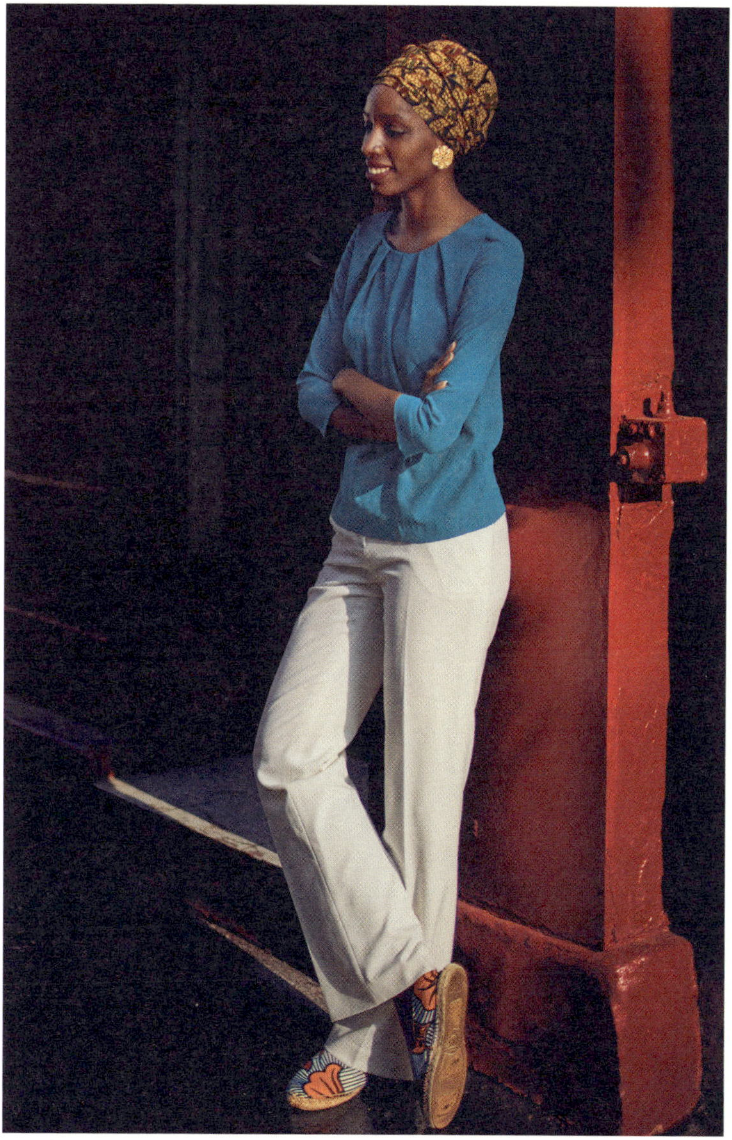

基思·理查兹[①]
会怎么做？

① 基思·理查兹，滚石乐队（The Rolling Stones）的创始人之一。

《Vogue》杂志著名主编戴安娜·弗里兰曾不止一次说过："眼睛必须旅行。"当这位标志性的女性在二十世纪六十年代掌舵《Vogue》的时候，这本杂志重点关注了艺术家和文学家。这不是作秀。这些人的存在从某种程度上说有深远的意义，反映了形式和内容间忽远忽近的关联。在时尚这个领域，灵感不会单独降临。否则，我们谈论的只会是衣服，而不是风格。

风格跟艺术类似，是对生活的理解和感悟。你得接受自己的不完美，并且充分利用它们。这是一种指导自己步伐的哲学，并要根据时下的审美不断改变。

风格是一种呈现世界的方式，通过它能呼吸世间的芬芳。我们用自己独特而不同的品味过滤它，最终使之成为自己专属的东西。

我们的灵感来自如下三位缪斯：

当我们披上一件自己喜欢的夹克，但这件夹克做工一板一眼，堪比老奶奶的做工，我们只需问自己一个简单的问题：**基思·理查兹**会怎么做？他大概会搭配一条低腰裤，衬衫扣子只扣一半，露出结实的胸膛和拧成一团的项链，丝毫不担心这身打扮会不会太夸张。

马克·罗斯科[1]：这张名单上怎么会出现一位画家呢？实际上，罗斯科教会了我们很多关于色彩的东西，以及，在反差色的衬托下，红色会更加浓烈。这是一个很实用的概念，比如，想令一件深蓝色的外套与众不同，只需搭配一件橙色系的配饰——立刻就能产生新鲜有趣的效果。说实话，当我们打开衣橱时，罗斯科并不是我们第一个想到的人。但多亏了那些在博物馆和类似地方度过的时光。在这个过程中，有些东西慢慢沉淀并悄然发芽，从触碰不到的远方赋予我们灵感。

葛蕾丝·琼斯[2]代表了一种信念：变老意味着自由和解放。也就是说，我们可以一次抛弃好几个"时髦"的概念，而不必担心自己做得过火——鲜红的唇膏、高耸的垫肩、荧光色打底裤和假小子发型。表露属于你自己的态度，别人自然会被吸引。做你想做的事情，以你想要的方式——只要你还拥有它。

---

[1] 马克·罗斯科，美国抽象派画家。
[2] 葛蕾丝·琼斯，超模、艺术家，以雌雄同体风格著称。

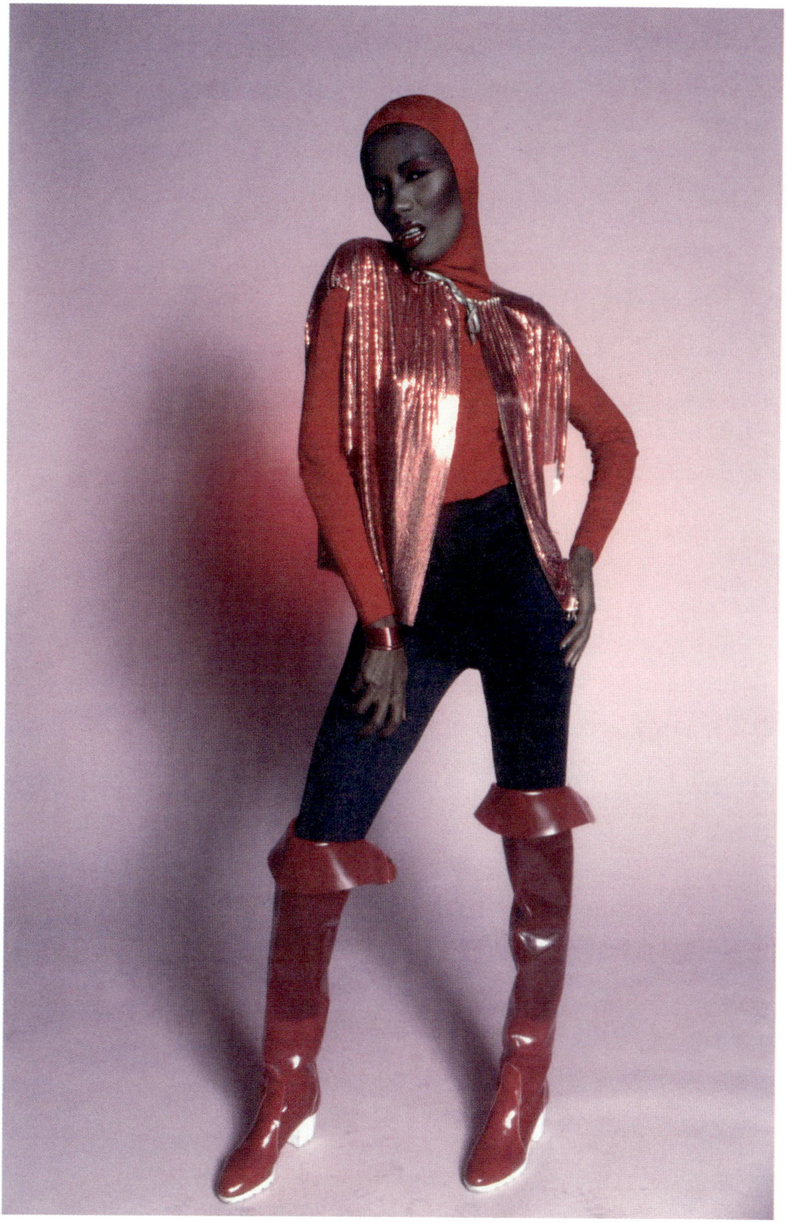

爱情
是一场
游戏

当你打定主意结束单身时，你对爱情多少还是比较认真的。

你从一场旷日持久、激情四射的爱情持久战中败退下来，如同其他那些旷日持久、激情四射的爱情一样，结束得很难看。**现在，你回到居住的城市，认为能重回谈恋爱之前的生活**：享受一段短暂又愉快的时光，作为伤口愈合前的缓冲期。你将这个消息告诉了朋友，希望得到他们的支持和一些可靠的建议。当然，他们的确有一些建议，而且每次都一模一样，尽管他们说的方式有所变化：你下载交友软件了吗？上面的个人档案编辑好了没有？

你最好的朋友十分担心你。毕竟大家都认为，一个刚结束恋爱关系的女人，脑子里只有一件事：赶紧再谈一场恋爱。而且这个想法根深蒂固，轻易挥之不去。为了填补你的空虚，你的朋友宣布：从现在开始，你的爱情生活（和/或性生活），都取决于一个你不得不玩的游戏。

总的来说，这是一场角色扮演游戏。在这个游戏里，人们通过某些性格特征，循序渐进地展示自己。然而，展示的既不是完全真实的自己，也不是别人，可以说是他们的"化身"：这都是为了避免日后见面时的尴尬。如今，大家都在网上聊天。这种以前很稀少、类似于趣闻轶事的经验，现在成了世界范围内的常态。没有智能手机？没人跟你调情。手机没电了？不好意思，今晚你别想有性生活。你的一个老朋友J.已经在这个游戏里混了好几个月了。他对你的天真和目瞪口呆好一番嘲弄，质问你："过去十年你都在干吗？"答案很简单：你很开心地安定下来了（至少你当时这样认为）。在这个只用考虑自己的幸福泡泡里，你漫不经心地听着别人的故事：那些圆满结束的，以及没有结果的"游戏"。对你而言，游戏意味着运动项目，比如网球——而不是潜在的爱情故事。

"但爱情就是运动项目。"J.笑笑。他看上去十分疲乏,一片黑紫深深印在眼眶之下。他告诉你:"我很累,但挺开心。"他当然有属于自己的个人档案。他倾注了很多努力,把行程安排得满满当当。

他同一时间跟网络上几十个从未谋面的姑娘聊天,仿佛掌管着一个军队的电子鸡宠物。他必须照顾它们,用温柔的话语喂养它们,让每一只都相信自己非常重要。J.大笑着承认,有时候他会弄混,对同一个姑娘讲两次一模一样的笑话,于是失去了其中的一些姑娘。他正逐步成为性层面的"民间组织":不管对方是谁,他都能提供一些东西。他曾经和一个男人、两个女人共享鱼水之欢,他曾经对某某动过真心……这个游戏带来新鲜又兴奋的视野。他高度赞扬了其中的新奇、体验,以及放手的魅力。

但你仍然没有兴趣下载这些应用程序,更别说注册和签署一系列协议了。它仿佛一条通往你私生活招聘办公室的道路,一旦进入这间办公室,你就应当接受所有机会,没有说不的权利。当然,我的朋友,情况的确不太乐观:好男人是稀缺资源,这并不奇怪,因为姑娘们往往都渴望安稳。这个游戏永远没有尽头——这符合游戏经济学的逻辑。人们相遇、恋爱,却保持单身、寻找下一任。在这些被安排的相遇背后,是一种程式化的过时淘汰:人们在一起一段时间,便开始焦躁不安,因为屏幕上新的电子小鸡开始尖叫,试图吸引他们的注意——天啊,这些小鸡实在太可爱了。因此,总有一天他们会不可避免地重新使用应用程序。游戏再次开始,这是一个恶性循环。

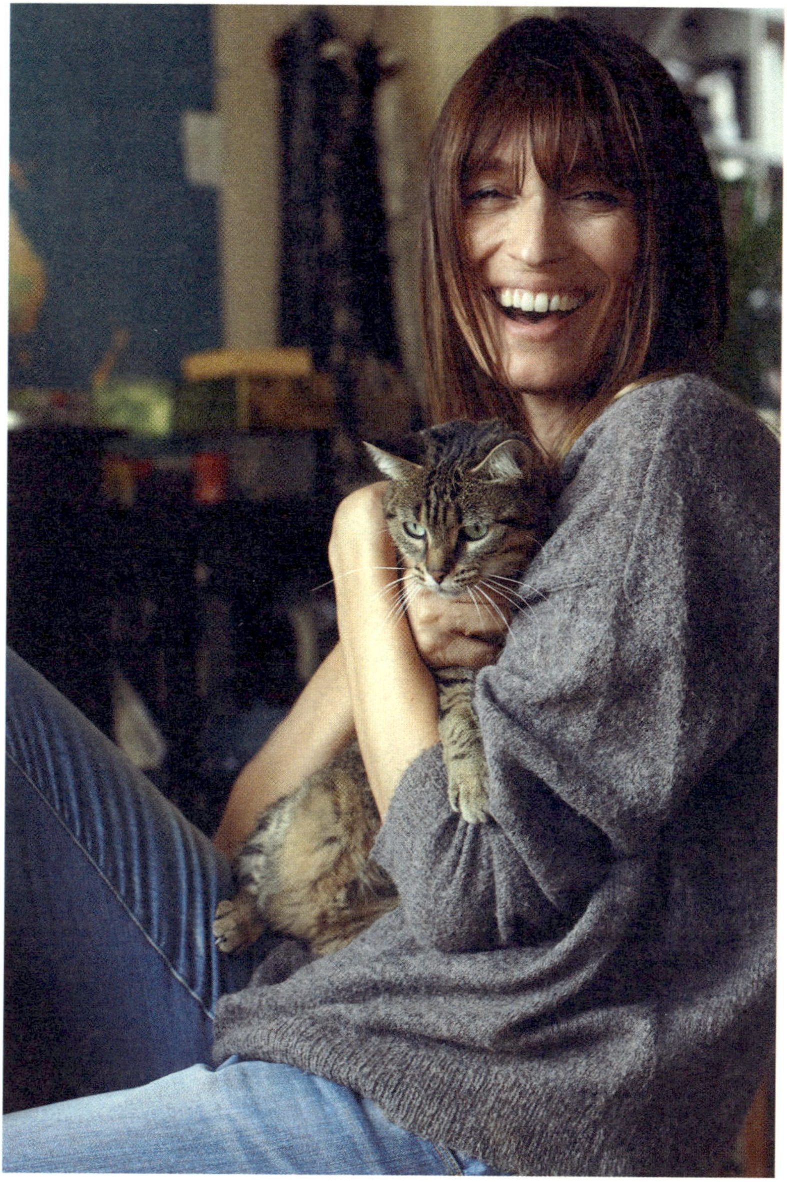

但只要你对自己足够诚实，就会发现有其他事情阻止你踏入这个循环。自从分手后，你对自己的身体更在意了。你的这具躯体已经有了一定年岁。跟前任在一起的时候，你没有意识到流年的重量，因为这些年你们是一起度过的。面对时光这面镜子时，你们站在同一个立足点。你们一起长胖，一起增添皱纹。这段恋情在你和时光间画下了一道温柔的休战符，你们似乎达成了一种共识，并沉溺其中。但现在，审视你镜中的裸体，你只看到了一件事情：你已经不再是二十岁了。如同戴上了纠正视力的镜片，你将一切看得过于清晰。你的目光锐利地注视着臀部的赘肉，膝盖周围的皮肤让你想起了皱巴巴的亚麻布。接下来，你在下腹部看到了那两个姓名首字母的文身。任何解释都是多余，看到这个文身的人一眼就会明白它意味着什么，并再次确信身下这具躯体是二手的。你开始怀疑，如果被这些思绪弄得心烦意乱，你也许会忘记高潮来时的感觉。于是你删掉了被 J.（这个背叛者）鬼鬼祟祟安装在你手机里的 App。

母亲节来临时，你去自己长大的小镇拜访了母亲。事实证明，你的确想和她待在一起。她是珍贵的避难所，而分离加强了你们之间的联系。她住的地方代表了过去的世界：父亲默不作声地看着报纸，而母亲从不告诉他自己有多疲倦。日子就这样一天天过下去。这种充满陈词滥调的自我放逐对现在的你来说，甚至有一丝甜蜜。离家的时候到了，你发现自己忘了订回程车票——很可能是因为你潜意识里想待久一点儿。当然，这时候火车已经满员。你父亲从报纸里抬起头来，建议你使用拼车软件。你不禁蹙额：连他都臣服于便捷的新科技了吗？也许，这意味着你也可以试试。

你发现一则很感兴趣的帖子：蒂埃里，三十二岁，一小时后从市中心出发。他的评分很高，驾驶安全，因为幽默备受好评。你赶紧编辑了自己的档案，并给他发去拼车请求。好几分钟过去了，什么都没收到。你强迫症般不停地刷新页面。你越来越兴奋，越来越焦虑，直至陷入了恐慌。最后你收到系统提示：蒂埃里拒绝了你的请求。真是活见鬼！你刚才是被一个拼车软件甩了吗？！

你短时间内都不会用"Tinder[①]"了，至少你这样认为。

[①] Tinder，一款全球性手持地理社交软件。

你知道事情
和以前不一样了

当法国总统
年龄
比你小
的时候。

对不完美的颂歌

还记得高中时那些最受欢迎的女孩吗？她们拥有与生俱来的完美牙齿，跟大部分在激素影响下手足无措的同学不同，她们在青春期仍保持着优雅。不知为何，她们脸上从没出现过青春痘，不受汗脚的困扰，更没有确确实实的焦虑感。她们能将巧克力羊角包作为早餐，蘸糖薄煎饼作为零食，冰激凌泡芙作为甜点，却一丁点儿都不长胖。她们是蜂后般的存在，命运为她们准备了最好的外在条件。在她们身边，男孩如同雨后春笋般层出不穷——她们需要做的只是弯下腰，挑一个喜欢的。

然后她们怎样了呢？

离你最后一次听见她们的名字，已经有好些年头了。这些"完美的"女孩似乎被另一些你从来没想过的女孩遮住了光芒。她们并不让人惊叹，也不那么完美，但她们以自己所拥有的作为地基，逐步构建了宏伟的蓝图。她们中有些人甚至将自己的缺陷变成了标志性的存在。比如，太过直挺的鼻子某种程度上来说有点儿性感，不整齐的牙齿也可以是世界上最可爱的事物。

青春期少女痛恨的不完美，成熟女性却选择了珍惜。这显示了人格的力量。实际上，缺陷给予我们重新定义"美"的机会——通过与大众审美不同，甚至背道而驰，来肯定自己。我们通过对自己大胆的肯定赢得了胜利。

有一张自己喜欢的脸是一种幸运。也许你不喜欢这张脸。但庆幸的是，我们有一辈子的时间来与这"不公"平衡共处。

你知道事情
和以前不一样了

当你
宿醉的次数
比参加的派对多
的时候。

更完美的屁股

我不会忘记,你是我生命的一部分,
你从未离开过我(的后侧)。
我每走一步,你都在那儿,
然而曾经,我是如此想把你藏起来。

如同拥有两个月球般混乱,
我从未能摆脱你,我的屁股。
如果我是你的行星,
哦,见鬼,为何我的人生卡在了你的轨迹里?

在二十世纪九十年代,
他们说你越小越好,
于是我拼命拉扯衬衫下摆,
想让你凭空消失。

我曾认为你是诅咒,
不论我如何威胁,你就是不肯离去。
我尝试改变你的形状,
为了让你不那么突出,差点儿饿死自己。
就连做梦,我都盼着你能"听话"的那一天。

我将自己所有不幸都归咎于你,
丝毫不觉自己才是受世俗桎梏的那方。
曾经我对一个不公平的想法深信不疑,那就是:
女性身体有一个完美的模板,为了向它靠拢,
我们应当竭尽全力改变并约束自己的身体,
放弃所有的特性和曲线。

而后很多年,我的想法渐渐改变。
自己是多么愚蠢啊,
以为你一旦变小,我便能更加快乐。
我不该对潮流俯首称臣,
毕竟它们来得随意,去得迅速,不留一丝痕迹。

时光流逝,我的想法逐渐成熟,
我明白,我的屁股将一直如此。
我再也不会掩盖我的曲线,
终于,它们获得了早该得到的关注和爱。

我欠你一个道歉,
亲爱的,别离开我,
请保持圆滚滚和胖乎乎的形态,
正如现在这样放肆、粗鲁、蛮不讲理。

这个世界可能会对我评头论足,
但我仍然能骄傲地说,
我爱你,我的屁股。

中年危机

你单曲循环着一首歌,心里一直想着一个人——虽然,你并不是真的想做点儿什么。每一天,你都勉强自己扮演一个成年人的角色,长达十几个小时——然而在脑海中,你将自己抽离得远远的,你感觉自己回到了十五岁。

你正深陷在一场全面爆发、叹为观止的中年危机里。过去从没人警告过你,也可能他们没能正确地向你解释。对你而言,"危机"这个词自带糟糕和疼痛属性,就像一场医疗危机、房屋危机,以及工作危机。

你从未想过这场所谓的"危机"会像奶油蛋糕一样可口,甚至让你感觉在度假——它意味着把之前构建好的一切秩序抛开,只专注于自己的愉悦,享受让心脏怦怦直跳的乐趣,比以往任何时候都感受到勃勃生机。

你一直以为"中年危机"是男人独有的小毛病,主要打击那些"脱节"了的家伙。他们接受不了自己开始秃头,或者竭尽全力想留在"游戏"中。你无法想象自己也会遭遇这一刻——你毫不迟疑地跳上这趟过山车,毕竟,过了这村可能就没这店了。你感觉轻飘飘的,好像把所有遗憾和后悔都扔到了九霄云外。在这一刻,道德对发生的一切视而不见。

你看了看街上,与你擦肩而过的其他女性,好奇她们是否跟你一样,心怀同样的秘密:这种不可思议、一切都变幻莫测的感觉;或者说,至少没有全部尘埃落定的感觉。

于是你写下了这些文字,以留存这些相互矛盾的记忆——一种夹杂着喜悦和害怕的心情。它和青少年充满激素气息的日记一样,既显露出磅礴的生命力,又充盈着洞悉人心的世故。你已经意识到,它们将很快成为过去。所谓危机,就其本质而言,指的是已经过去的事情。感谢上天。

关于整形

在法国，如果有人看得出你做了脸部提拉手术，那么这个手术就是失败的。

这关系到文化，也就是品位问题。至于她到底有没有做整形手术，倒不是特别重要。毕竟，我们都对这个话题很好奇。我们想知道那些接受了手术的女人是什么感觉，在网络上好奇地搜索注射前和注射后的照片。接下来，我们犹豫了，陷入沉思……脑海中涌现出一千个问题。

正方和反方

* 我不想看起来像低配版的某人。(-)

　　　　　　　　* 我想成为高配版的自己。(+)

* 我拒绝因皱纹而感到羞愧。(-)

　　　　　　　　* 为何不接受改变呢?(+)

* 我想尽可能长时间地保持迷人。(+)

　　　　　　* 我想通过其他方式打动别人。(-)

* 不再对"我的鼻子改变了人生"这种想法感到难为情。(+)

　　　　　　* 失败的隆胸手术差点儿要了我的命。(-)

* 凭什么我要为了别人的看法改变自己?(-)

　　　　* 我这样做不是为了别人,我是为了我自己。(+)

* 只要它不给我带来麻烦,我宁愿一直不改变。(-)

　　　　　* 我想尽量长时间地不改变任何部位。(-)

* 越早开始整形,你的皱纹会越少。(+)

　　　　　　* 我可不想受术后副作用的罪。(-)

* 我不想最后把自己整脱形了。(-)

　　　　　　　* 我不想看起来又老又丑。(+)

* 我希望看向镜中的自己时,脸上能带着骄傲。(+-)

63

你知道事情
和以前不一样了

当你给别人讲了
一则十年前的趣闻,
然后意识到
其实已经过了
二十年的时候。

我讨厌

* 这对刚做的双眼皮

* 人们称呼我"女士"

* 看见自己的皮肤日渐松弛

* 跟二十来岁的人一起玩，有人问我是不是他们的妈妈

* 每天早上都需要化妆

* 那个帅哥根本不看我

* 人们看我护照

* 突然出现的白头发

* 每次吃到好吃的东西，体重就会上升两斤

* 父母生病

* 照片上的我看起来根本不像自己

* 不得不做一个成熟负责的成年人

* 变老

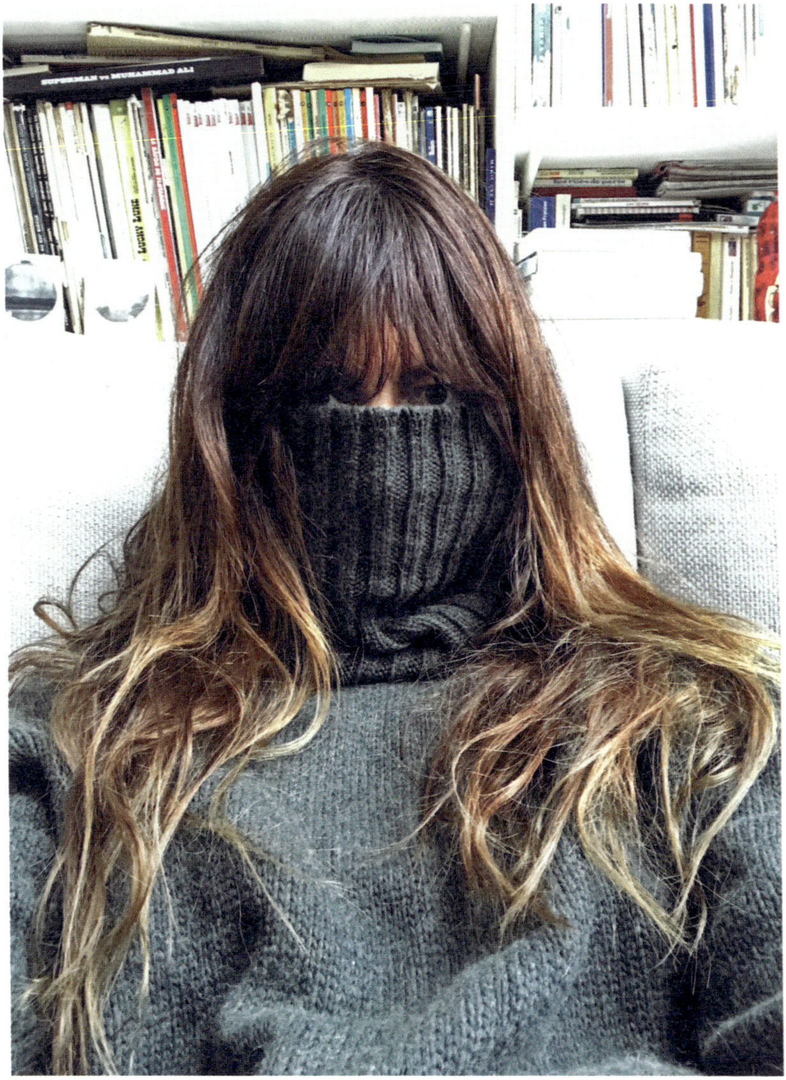
SUPERMAN vs MUHAMMAD ALI
LUCKY LUKE

隐形的女人

我曾是派对上那位神秘的女孩。真的,男孩都这么称呼我。而现在,他们称呼我"女士",而且通常只会在有所求的时候才这样称呼我,比如"女士,能给我一支烟吗?",这一切令人惊讶(至少对我来说)。不过,蝙蝠侠曾警告我们:"事情会变化的。"我们真笨,我们没听他的。

问题是,事情是一点点变化的,就像你下巴附近松弛的皮肤,或者全球变暖的趋势。这需要时间。过了很久你才意识到,现在终于轮到你了。

我自己花了好几个月,乃至几年,才终于接受这个残酷的现实:**我不再是派对上那个令男人趋之若鹜,并且总有人请喝酒的女孩了。**当她跳舞时,她能将所有目光吸引到舞池;男孩羞怯紧张地找她要电话号码,并且主动提出要送她回家。

我逐渐变成了"隐形的女人"。人们跟我说话时，目光越过我的肩头，向室内扫视。仿佛小船搁浅般意兴阑珊地说："我得再去拿一杯酒。很高兴与你交谈。"

从那时开始，我有了几种选择：

一是老实待在家里。不去派对、餐厅、夜店和婚礼，成为一个反社会的扫兴玩意儿，每晚九点就上床睡觉。这很有效，但会令大脑麻木。

或者，我只参加那些自己仍在他们平均年龄线以下的人的活动。比如慈善晚宴、歌剧、退休派对，以及二婚甚至三婚仪式。我会觉得无聊透顶，但不会有人叫我"女士"——而是"小姐"。

我需要第三种选择,一种能让我再次被"看见"的,态度上的转变。聚会上,与其成为被注视的对象,一副事不关己的样子躲在角落等别人搭讪,不如选择主动出击,成为自己的开路先锋,与别人开启一段交流。

当然这么做,你不得不咽下自尊,并且经历好几次火冒三丈(被人问"你是我妈的朋友吗")的时刻。但过一会儿,你就在舞池中放松下来,不再像以前那样审视自己,而是尽情沉浸在音乐中。你成了一个提出建议,而非接受安排的人;一个放声大笑,而不是客套微笑的人。如此这般,即便你遇到更年轻漂亮的女孩,又怎么样呢?即使你只能一个人回家,又有什么大不了呢?你能够带着微笑入睡,这比晚霜便宜,却一样能令你恢复活力。

密　　码

　　现在，没人记得他们的 Wi-Fi 密码。搬家入住那天，你随便想了个密码，输进电脑，好了，完事儿！你立刻将它抛之脑后。事实证明，这是一个错误。总有那么一天，会有一个人问你："你的 Wi-Fi 密码是多少？"这一刻你真不想告诉他，因为实在太尴尬了。任何人都能从你的密码中读到更深层的含义，确切地说，是他们自以为能够读到你"隐藏"起来的那些信息，比如你的密码：Glamour30（魅力三十）。糟糕。说出它的那一瞬间，你就已经感受到了解释的必要。不，这并不是你最喜欢的单词，也不是你想用来描述自己的名词。这只是你搬来时工作的那个杂志的名字，而且你那时刚好三十岁。这时你突然意识到，你曾经在一家女性杂志上班，这好像已经是几百年以前的事情了。而你，也早已年过三十。说真的，魅力三十，听起来甚至像一首二十世纪九十年代的流行歌曲。

　　你问了问周遭的朋友，发现你不是唯一一个犯此类错误的。一个朋友将她和前夫的姓合在一起，用作密码。**到现在，这是他们唯一姓**

名相连的地方了：就这么不上不下地卡着，如同一个糟糕的做爱姿势。 现在他们都不会再理睬彼此。另一个朋友用"rocknroll"作为密码，以纪念音乐是她生命的那段日子。但这串字母仿佛暗示着她对自己的青春期充满念念不忘的执着，一个受人敬仰的四十来岁的人是不会这么做的。还有一个朋友用的是路由器自动生成的密码，没错，就是那串毫无意义的字母和数字。她以为自己在这个地方待不了多久。然而，她一直住到了现在……

你试着寻找这些号码背后的心理意义，以及创造它的那个人无意中流露出来的信息。它们标注了一个时刻，仿佛抓拍了一张永远被禁锢在网络中的糟糕快照。你想及时赶回去换掉这把锁，但你不知道如何才能回去。最近，你读了一篇关于计算机程序员的文章，里面谈到他们如何为大众编写IT系统。你注意到有个词被提到了很多次：直觉。总而言之，这些系统的设计似乎偏向于这些年轻人——这些不知为何，完全不用思考就能搞懂的年轻人。你在这儿徒劳无功地尝试着：

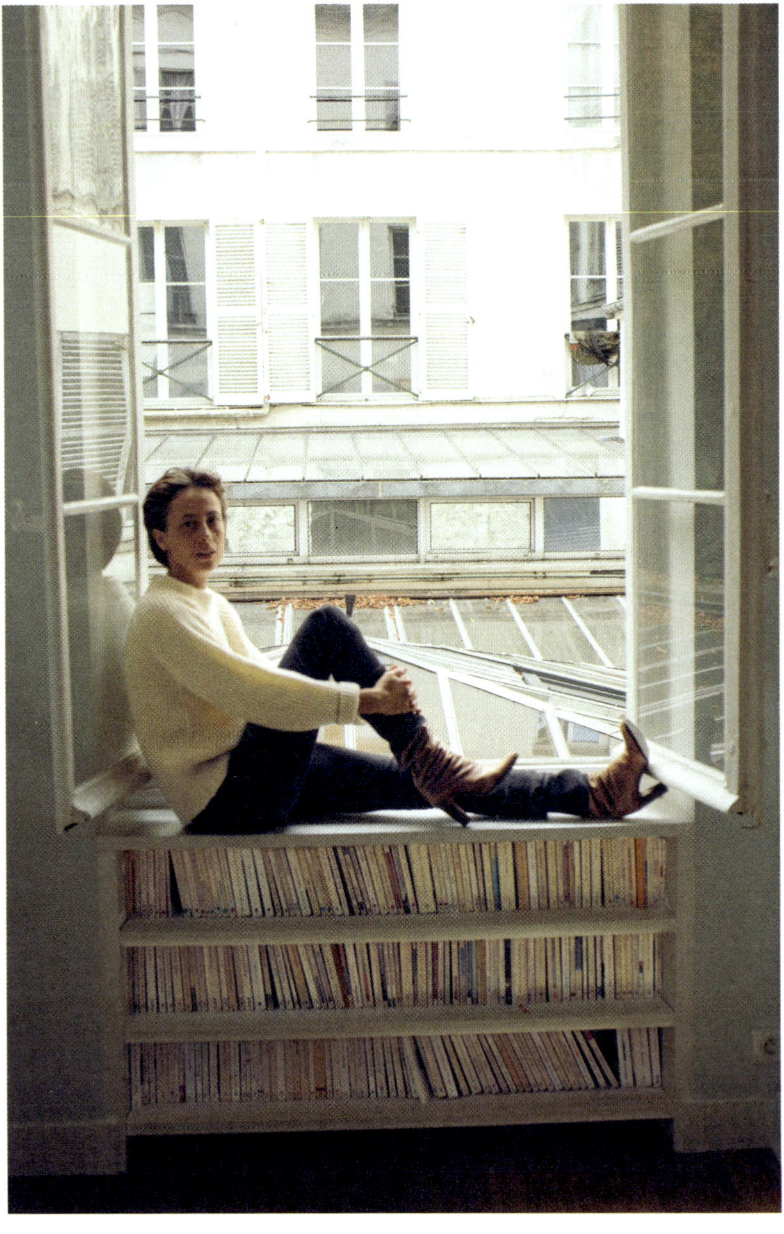

点击鼠标、低声咒骂、将一模一样的东西输入十次，或者把所有按键都按了一遍，却还是没用。你有点儿气急败坏，甚至开始跟你的电脑说话，语气不善而又尖利——这混账玩意儿。你沮丧地发现，从现在开始，你属于一个特别的范畴：非直觉。这其实是"过时"的委婉说法，包括你和你老密码。于是你不得不永远做一个被困在过去的三十岁的"魅力女人"。

更糟糕的是，你明天要去父母那儿吃午餐。尽管内心并不太愿意，但你必须表现得像一位"魅力女人"——该死，这个短语已经在你脑中挥之不去了。你母亲边摆放餐桌，边跟你絮絮叨叨姨妈姨父的生活，哪怕你一点儿也不关心。这时，你突然听到了一阵声音：你母亲匆忙转身的时候，把智能手机碰到了地上。她已经很多次告诉你父亲不想要这个糟糕的机器了：它会发出让人不能忍受的噪声。她更想要回自己的旧手机：简单、直接，只是一个手机而已，没有其他乱七八糟的功能。你小心地把它从地上捡起来，关闭了"振动"功能，交还给母亲——这事儿就解决了。一瞬间，你在她眼中察觉到了一丝羡慕：你是年轻的象征，是现代生活的产物。你细细品味着这感觉，这微小的成功感。的确，哪怕你不会换密码，至少现在你能够假装。突然间，科技变成了你和家人之间的感情润滑剂。在这个神奇的世界，一切都变化得太快。一眨眼的时间，你就已经过时了。

二十岁时，
你的容貌是上天给的，
五十岁时，
你的容貌由自己决定。

——可可·香奈儿

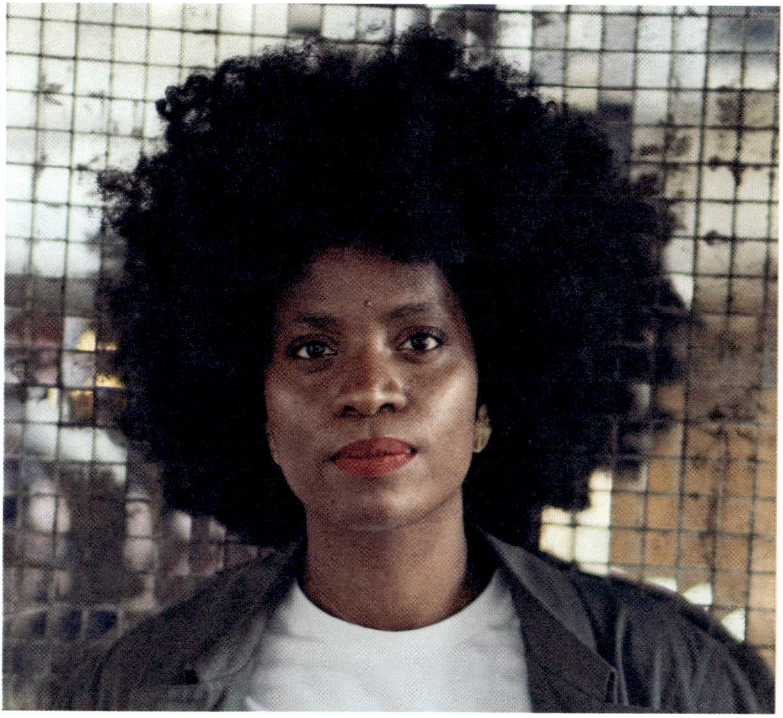

你知道事情
和以前不一样了

当你不知道
当红演员和歌手
的名字的时候。

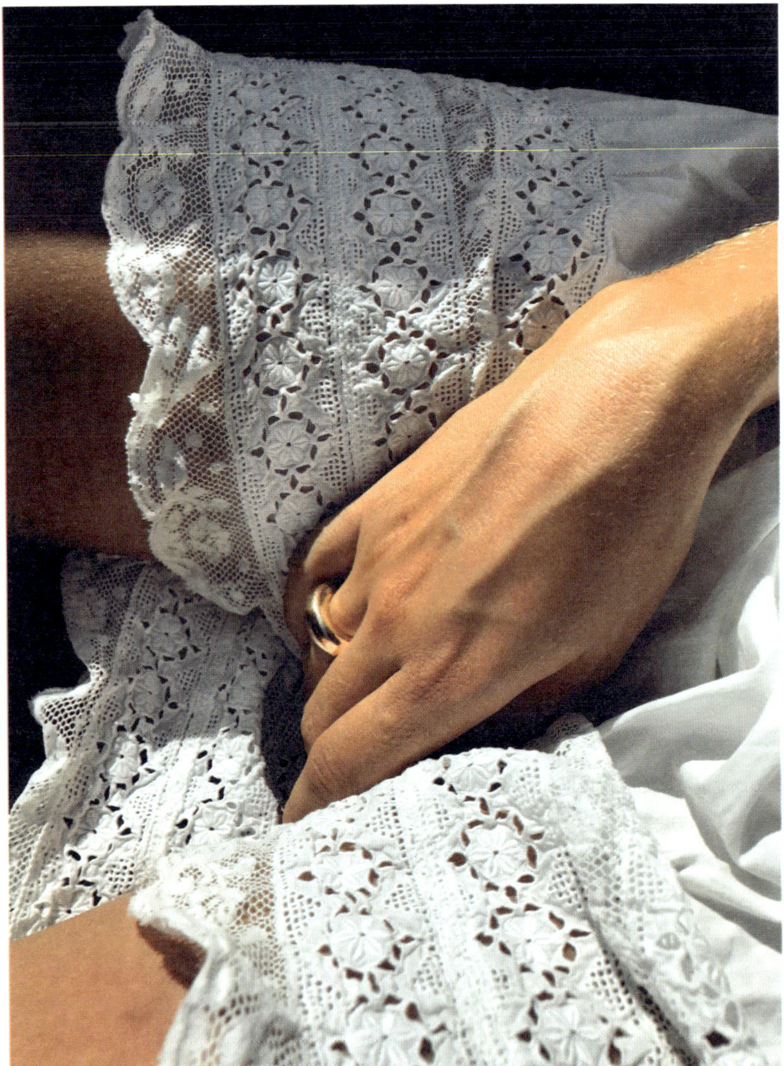

老去，
但更好

你无意间发现一张自己二十年前的照片。

你惊叹于当年青春洋溢的身体。对现在的你而言，以前的身体几乎成了一种冒犯。你都快忘了它曾经如此诱人——充盈而又紧实，天真而又清新。你不敢相信自己曾经横竖看它不顺眼，怪罪它这儿多了些，那儿又少了点。这具身体从没令你满意过：胸部不够饱满、上腹不够平坦、大腿太粗、臀部太平……现在，你后悔在意这些无足轻重的东西。浪费数小时对自己的身材挑三拣四毫无意义，你其实光彩照人，完美无缺，只是你没意识到这点。现在，生过几次孩子后，你无法忽视时光对你皮肤和肌肉的损耗，每天都怀念自己当年的身体。

然而……

与之矛盾的是……

比起以前，现在这具（真的）有缺陷的身体给你带来更多的愉悦。当你回想自己二十年前的性生活时，觉得实在不怎么有趣。因为激素爆棚的关系，性唾手可得，而且你也不够了解自己，或者说，没能触碰到心底真正的渴望。经过将近二十年的学习，你终于了解了真实的自我。现在的你能够熟练地取悦自己，如同弹奏一具复杂、精密又纤细的乐器——你已经掌握了其中的难点，对曲谱熟谙于心。

你允许自己做曾经想都不敢想的事情：你能够公开谈论、探讨自己的愉悦和快感。

你也不用勉强自己在性生活中"随机应变"。你聆听对方的想法，更重要的，遵从自己的内心。

当询问伴侣喜欢什么时，你不会犹豫。

你不再束手束脚，而是帮助伴侣和自己寻找乐趣。有时你发现只有自己有快感，就坦然接受这份必要的自私。当听到伴侣赞扬你的床上表现时，你不再像以前那样自鸣得意：毕竟，每个人都有好和不好的时候。重要的是，你在那儿，你每次都用全身心感受。你们并不是在"重演"某些色情片的情节，而是寻找并给与彼此快乐。

比起拥有青春肉体时，你现在的性生活更富有创造力、热情并且自由。这一次，老去真的更好。

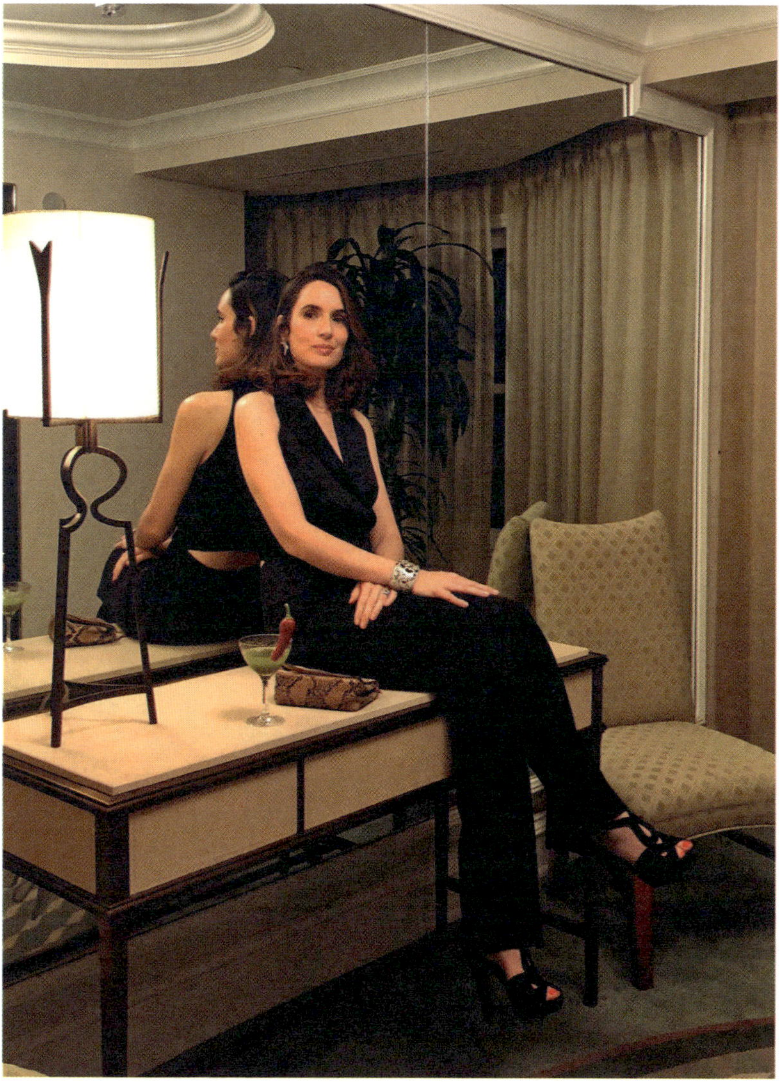

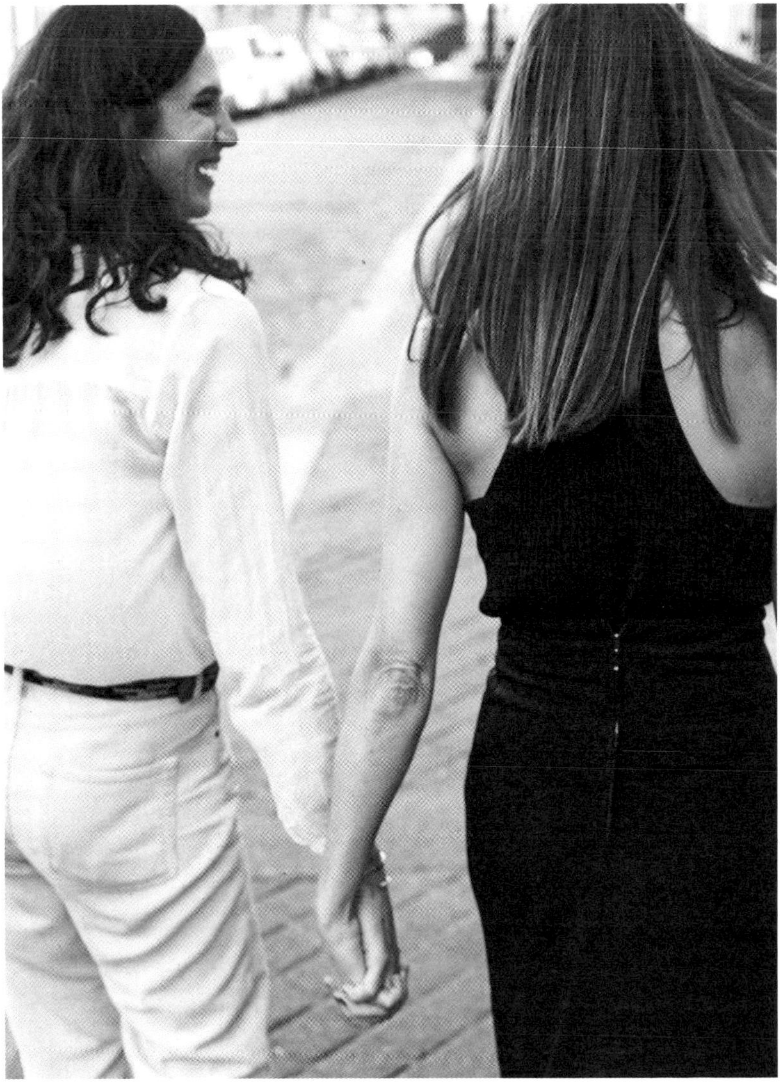

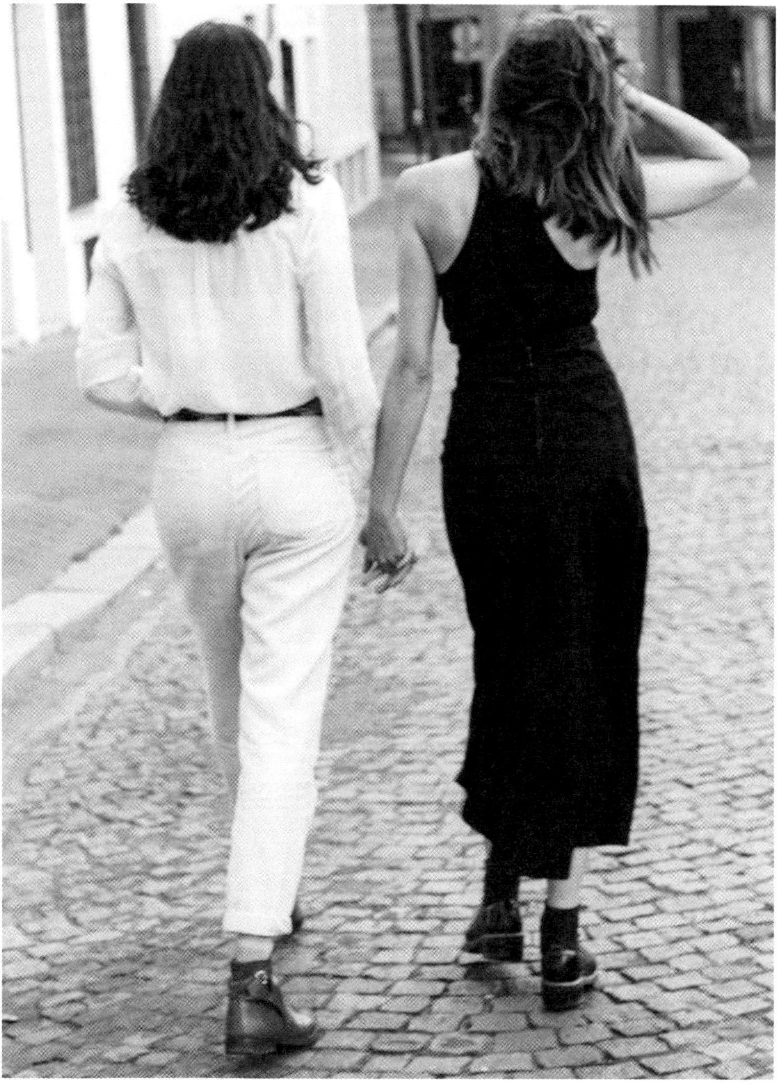

**你知道事情
和以前不一样了**

当你去妇产科

是为了做乳腺检查,

而不是避孕的时候。

针头就是武器

为人类至关重要的这一步做出贡献的人，无论是科学家、医生，还是任何其他职业的人，你都想为他们大声鼓掌叫好。你认为我们应该公开承认整容技术在性别平等战争中的重要价值。真的，你不是在开玩笑。你发自内心地认为，针头就是一种武器。肉毒杆菌毒素填充的，不仅仅是皱纹——它还修正了生理上的不平等。现在，让我来告诉你为什么。

成长过程中，你一直接受的教育是：我们应该为建立两性平等而斗争。看完那本关于两性激素差异的书之后，你更加明确了这点。你发现，最近男性更年期被改名为"LOH"，即"迟发性性腺功能减退"。这是因为当男性年龄增大时，男性激素分泌减少，但并不是完全停止。然而，女性激素分泌会随着年龄增长，以一种摧枯拉朽的阵势彻底停止：如同一个飞了出去的轮子，转动一阵之后，最终翻滚到了一边。**结论：大自然是个混球，而且很可能有厌女症**。她甚至都不照顾一下自己的同类。因此，从自然层面讲，两性用来对抗时间流逝的武器就是不公平的。

所以，你赞同这个想法：每个觉得有必要（并且也有条件）做整形手术的人都有权做自己想做的事情。她有权修补一下皱纹，以及身体其他部位正在经历的生理赤字。在经历了时间给予她的风霜雨雪后，她有权夺回主动权，按照自己的喜好扭转时间。可以说，这是种令一切归零的途径，来对抗那个暴力又充满性别歧视的称呼：老母牛。在法语里，这个词的字面意义就是指皮肤的衰老。你很高兴人类依靠智慧终于找到了一种解决方法，来对抗我们身体的"原罪"。关于整形手术，最重要的不是去做，而是有了这个选择。

那些你告诉自己
正在健身的时刻
（其实并没有）

当你边刷牙边锻炼臀部肌肉的时候。

当你边等电梯边再次锻炼臀部肌肉的时候。

当你终于决定走楼梯的时候。

当你做爱的时候。你曾经在某本杂志上读到性爱的能量消耗。平均每次150卡路里，加起来也很可观了。

当你用一只胳膊抱着孩子，又定时换到另一只胳膊的时候。这孩子相当于一个哑铃。

当你边喝酒边跳舞，告诉自己出汗是因为肌肉运动的时候，其实这不过是你的身体在通过毛孔代谢酒精。

当你要去一个重要会议，却出门晚了，为了不迟到，只能三步并作两步地赶过去的时候。你告诉自己这世界上有种比赛叫竞走比赛，所以你其实是在健身。

当你烹饪意大利烩饭,连续站立两小时,用一成不变的动作搅拌炖锅的时候。

当你骑自行车上班的时候。后来你的自行车被偷了,这个月本来坚持得还不错。

当你在电视上看球赛,为你喜欢的球队呐喊助威的时候。球赛结束后你感觉筋疲力尽,总结说:"**我们**打得不错。"

当你蒸桑拿的时候。你暗自决定,这也是一种运动。

当你忍住尿意,很久不去厕所的时候。

当你想回忆什么事情的时候(某种程度上,记忆也是一种肌肉)。

当你感觉糟透了
的时刻

你从没想到会遇见她。至少,不是今晚,不是像现在这样。你之前曾和她约会几周,还是几个月来着?你对她印象挺好,虽然有点儿模糊,但总的来说很愉快。现在她正带着笑容向你走来,跟你打招呼。你吓坏了。你只想消失,恨不得一头钻进地缝里。因为,你完全想不起来她的名字!朱丽叶?加布里埃尔?并不是说你的女友太多了,并不是这样。你想不起来只是因为,这实在是太久之前的事情了!你感到十分尴尬,只想退缩。你从没跟任何人提及这些深埋在头脑中的时刻,因为你并不引以为豪。

另外还有一些糟糕的时刻:

当别人问你年龄时,你下意识地少说了一岁。最糟的是,你压根儿就不想说谎——你只是没反应过来你又长了一岁。

某天,你突然意识到你讨厌办公室里那个女孩的原因——虽然其他人都觉得她很有魅力,你却觉得她庸俗无聊、矫揉造作、狂妄自大。原因很简单,你嫉妒她。她唯一的罪过就是比你年轻。

当发型师建议你换个发型,因为"这样看起来会年轻一点儿";或服务生称呼你"女士",你安慰自己她这样仅仅是想令你不爽的时候。

当你发现一位同龄女性看起来比你老很多的时候……不禁为自己的保养得当暗自得意。(然而你不知道的是,她也在想着同样的事情。)

我们内心的那个女孩已经不再是曾经梦寐以求的漂亮样子了。现在,我们终于跟她处境相同。承认错误等于改正了一半,不是吗?

你知道事情
和以前不一样了

**当你只是准备回家
就兴奋不已的时候。**

今天清晨，你看了看你小小的公寓，以及窗外的邻居家——你们共享着这未经协商的亲密距离。你突然感到一阵幽闭恐惧。下一分钟，你开始思考花在这间位于二楼、采光极差的公寓上的昂贵租金。最后你得出了结论：**有什么事情不太对劲，亟须改变**。

都不用回到达尔文时代，你的动物本能已经告诉你，你来自大自然，并且需要大自然。在这座钢筋水泥森林的浓浓灰雾中，你发现了一间公园附近的公寓，能够满足你对叶绿素的极度渴求：你得承认，之前你只能通过莫吉托里的薄荷接触到这种渴求。

你决定翻阅一下房地产公司的广告（又没什么损失不是吗？）。试想，如果能找到一间风景优美、绿叶中有阳光透下来的公寓，这会给你的生活带来多大益处！唉，查看了几则信息之后，你就遭遇了重大打击：类似的房子，哪怕跟你现在所住公寓差不多大小，价格都贵得离谱。仿佛对每个在城市居住的人而言，想要距离树干近点儿已经成为一种奢望。在价格上，这相当于在五星级酒店订一个有优美风景的房间。

梦想中的
绿色

出于好奇，你往远处眺望了一下，如果……考虑一下郊外呢？毕竟，半途而废总是不好的。数年前，无论给你多少钱，你都不愿意离开城市，但时过境迁……那时你还没戒烟，还没考虑加入你朋友的瑜伽课程，还没决心好好照顾自己。而现在，你用一股近乎宗教皈依的狂热，寻求身体和心灵的健康。

让你惊讶的是，你终于找到了梦寐以求的居所：一间可爱的房子，不太贵，面积是你现在公寓的三倍，还带一间客房和一座花园。它正在呼唤你。你还在等什么呢？这完完全全就是你想要的！你可以在室外吃早餐，养一条狗，到森林里去散步。秋天，你可以采蘑菇，按照季节的更迭来生活。晚上回家，还能够生火取暖。你甚至还能种花，开辟植物园，吃你自己种植的作物——真真正正的有机作物，而不是你现在花大价钱买的那些不知道到底从哪儿来的玩意儿。你得实现这个梦想。

没错，你需要赶火车，得早起一会儿——但早起的鸟儿有虫吃，不是吗？你可以把自行车放在车站，骑车去上班——没什么比锻炼一下更好了。你将会肤色红润，大腿肌肉紧实，新陈代谢加速，红细胞水平甚至能跟那些十岁的小孩媲美。你的朋友们会无比羡慕你的新生活和身体，纷纷寻找他们的伊甸园，想要加入你的队伍。

但是，要是你突然想去聚会或者看电影怎么办？那些艺术展览，你钟爱的邻家小餐厅，还有能够满足你深夜渴望的二十四小时便利店。想跟人约会时怎么办？兴致所至的一切，都该怎么收场？

你不想承认失败。想着这些好处,你冲下楼,到花市买了三小盆植物,兴高采烈地回到家,将它们放到窗台上。罗勒,薄荷,小番茄。你从来都没有园艺技能,但你愿意从现在开始培养。

那些
你以为自己
永远都不会说的话

（第一部分）

你确定她跟我是同一年的？她看上去老多了。

在我那个年代，机会是不会从天而降的。

当我是小孩的时候，这世上还没有因特网呢。

你不觉得这音乐有点儿吵吗？

你知道，厌烦有时是件好事儿，它能够激发你的想象。

去问你爸爸。

在椅子上坐好。

别说了——她也可能是他的女儿！

我们是怎么熬过没有手机的年代的？事实上，好像也还好。

你还是小婴儿的时候我就认识你啦。

圣诞老人不会高兴的……

好吧，她现在是挺好看的，但再等十年看看……

你的孩子们怎样？

我再也不能连续两个晚上都在外面过夜了。

拜托，我也像你这么年轻过。

这东西在我十几岁时还挺流行的。

我可能需要床上阅读灯。

我年轻的时候，我们都是自己发明游戏的。

我很乐意现在出门，但半夜十二点我一定要睡觉。

我不能喝酒了。如果喝多了，我得花两天时间才能醒酒。

你有防晒系数50的防晒霜吗？

你知道事情
和以前不一样了

当你
早晨醒来
感觉容光焕发,
别人却告诉你,
你看起来
疲惫极了的时候。

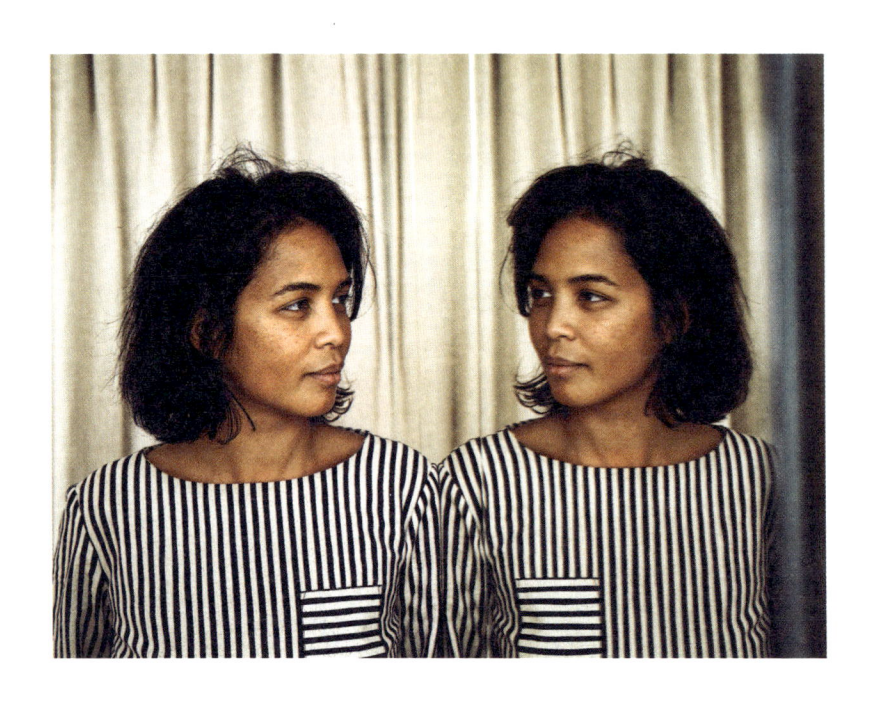

二十岁是你最好的年华吗?

保尔·尼赞在其 1938 年的小说《阴谋》中写道:"**我曾经二十岁过,我不允许别人说那是我最好的年华。**"这句话在法国广为流传,总能让我不再感觉那么孤单。我的二十岁也不是最好的年华。那时我总觉得这个年纪应该卓越、激昂和浪漫,然而我无法做到。实际上一切都波澜不惊,所有一切都让人沮丧。那十年一点儿都不无忧无虑,反而相当沉重。

我在二十来岁时,是多么严肃又无趣啊。我对错过的机会懊悔不已,自怨自艾,但面对这个如此混乱的世界,我怎么敢冒险呢?我害怕自己还没"真正活过"就要死去,却拿不出勇气来面对真正的人生。我担心自己不能成为"某人",却不清楚"某人"到底是谁。我迷失在自己幻想的身份迷雾中,没能成为真正的自己。

那时我深信每个决定都是里程碑,如同刻在石头上的文字般,能够决定之后的命运。我相信在旅程开始之前,选择的道路就能决定成功与否。我如此相信这一点,以至于这个想法令我窒息。每一个方向都好像是错误的,我感觉自己迷茫地站在站台上,身边每个人都有条不紊地踏上属于他们的列车。我手中没有信息指南,我出生的时间地点不对,我缺乏成功必需的条件,我做过的错误选择将会死死困住我,如同一场无法逃脱的婚姻。

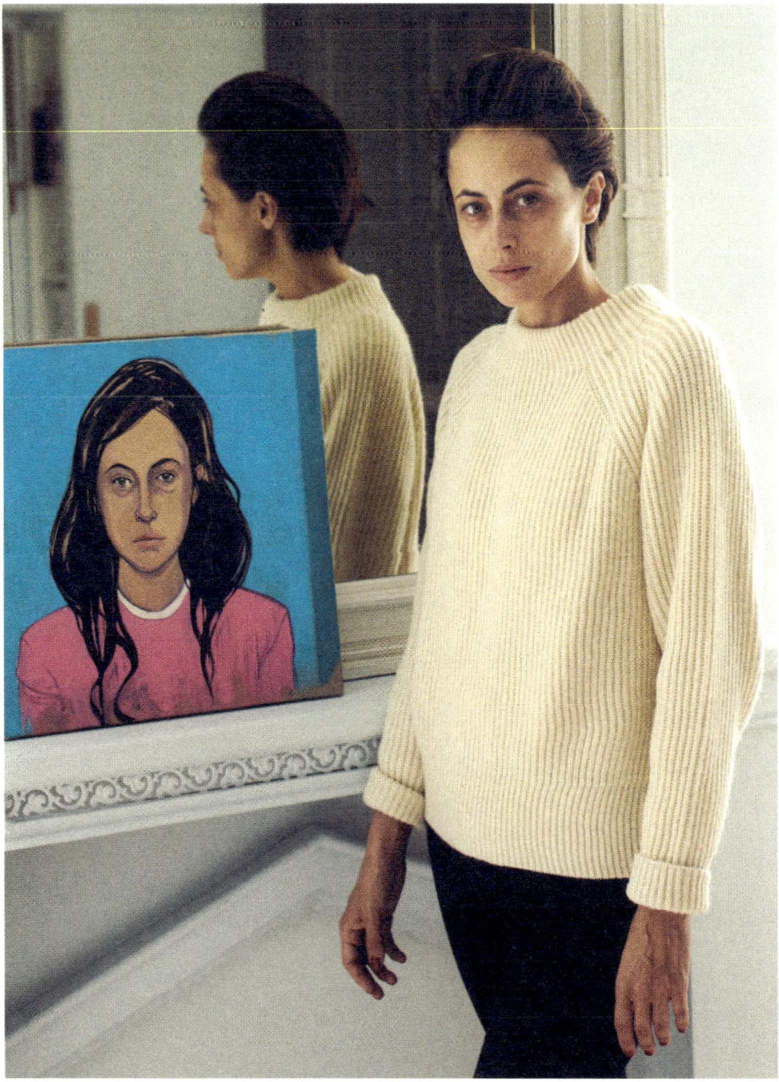

过去众多令我感到害怕的事情，现在不过是小事一桩。* **我明白如果自己不争取，没人会理睬我。有时候，你需要的只是给自己一个准许。*** 我知道自己永远不会后悔所做的尝试，哪怕结果证明这是错的。* **更何况，塞翁失马，焉知非福。*** 我明白，哪怕不走正确的道路，也没事。* **我们必须对已拥有的事物心存感激。*** 我知道生活必须一天天地过。而过去的每一天都成就了我们现在的生活。* **我明白没必要为了逝去的爱哭泣，因为我们还会坠入爱河。*** 我明白了该如何爱和被爱。* **我明白有时需要做出改变，以避免犯相同的错误。*** 微笑是人生最有力的武器之一。* **我知道更好的永远在路上。*** 并且风雨之后一定会有阳光。* **我知道，如果没有乐趣就不会努力工作。但必须努力工作，才能找到乐趣。*** 我知道付出一定会有收获。* **我明白，当事情一筹莫展的时候，不要勉强，可以换另一条道路试试。*** 没有事情是永恒的。* **我知道健身能够让你的头脑保持活力。*** 我现在比二十岁时更加快乐，那时并没有人提醒过我。

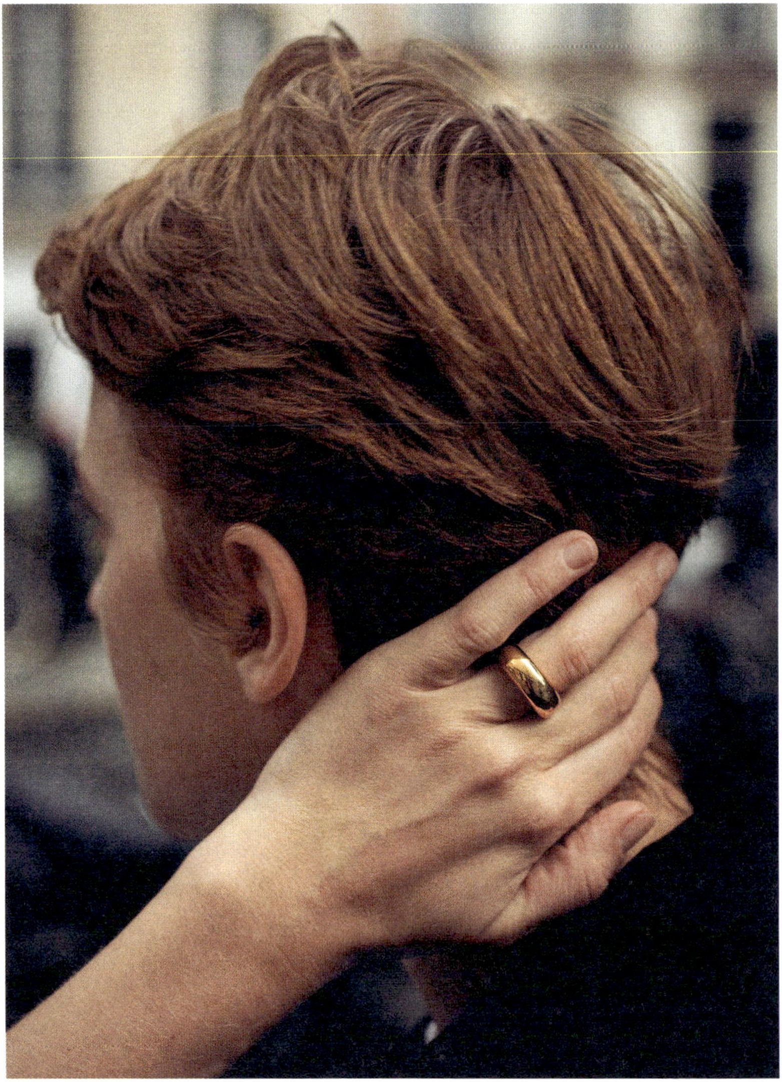

一个人不是生下来就是女性，
而是慢慢成长为一个女性的。

——西蒙·波伏瓦《第二性》

你多少岁了？

我们的年龄是身份中不可改变的一环吗？并不一定。你看着镜子，绝望地想：我只不过十八岁，然而困在了一个两倍于我年龄的身体里。"年龄变成了一个相对的问题。想想那些少年老成的孩童，或者百岁老人眼中一闪而过的光芒。我们周围有足够的证据表明年龄很模糊，并没有说服力。除了数字本身，年龄并不能说明任何问题。

年龄是很具体的东西，让人心神不宁。我们用灵魂和心灵去感知年岁，而不是每年生日时累计的数字，就像汽车的计程器一样。

平均来说，每位女性都感觉自己比身份证上的年龄小七到十岁。人们是这么说的，当然这因人而异。这也取决于我们感受到的某些时刻——清晨，我们觉得自己是一个年老的女人，晚上却像一个青少年。

于是，我们有了不同层面上的"年龄"：出生年龄和心理年龄。前者是大自然赋予的，而后者是我们可以自己决定的。因此，对于"你多少岁了？"这个残酷问题的回答，能够击败它宿命般的答案。年龄成为能够更换的戏服，可以平息我们焦虑的心情。

这也许就是我们觉得无论年龄大小，所有人都应该平等的原因。友情能够在不同年代的人之间产生。你的年龄并不由你的动脉决定，而是由你的欲望、热情和兴趣决定。

真相，
所有真相，
毫不掩饰、
赤裸裸的真相

"他意识到她是我妹妹时，露出一脸难以置信的表情。"
（＝请告诉我，她看起来比我老。）

"我只在聚会上抽烟。"
（＝我比那抽得多得多，只是我不说罢了。）

"我对谷物过敏。太可怕了，我一点儿都不能吃。"
（＝我跟我的体重之间有错综复杂的关系。）

"你知道吗？人们总说我跟保罗之间有点儿小问题。"
（＝你觉得我和保罗还有可能吗？）

"我很担心，我儿子的老师说他有点儿早熟。"
（＝我就知道他是个天才！）

"我一般不在午饭时喝酒。"
（＝我在午饭时喝得越来越频繁了。）

"没错,这本书让我很感动,特别是开头。"
(=我只读了标题。然后就没继续,而是看了电视剧。)

"我最近经常健身。"
(=我最近没有性生活。)

"那个男的并不怎么样,而且他太装了。"
(=那个混账居然没看老娘一眼!)

"我是环保主义者。"
(=我最近开始骑自行车了,并且会在刷牙的时候关上水龙头。)

"我现在正忍受着经前综合征。"
(=老娘脾气就是这么差,你最好快点儿习惯。)

家族
度假

每年,你的家族都会聚在一起,在故乡度过一周假期。这是必须做的事情,除非你想和爸妈、兄弟姐妹,以及他们的另一半一刀两断,老死不相往来。想到将要回到童年旧宅,你十分兴奋,因为它在你心中占有特殊的位置。但同时你也知道——你上火的喉咙和男朋友都知道,**这个地方代表了最"糟糕"的自己。**

每年都有七天时间,你深陷于这个无法逃离的旋涡。你回到了一切的原点:你收拾行囊,背井离乡,开始新生活的那一天。那年你十八岁,离家的时候狠狠地关上了门。从那天起,你在他们眼中就再没变过。同样,你也没能看到他们的进步和变化。对他们而言,你还是那个十八岁的小女孩。拿你那个总是笨手笨脚的姐姐来说,这一周内她几乎打碎了所有的玻璃杯。而她在其他时间并不会这样。这就是将要发生的事情:每个人都变回了大家眼中的自己,按照曾经的模式生活。

至于你自己,你已经自我修炼了很长时间:参加各种心理疗法和眼动脱敏和再加工(EMDR)疗程,努力治愈曾经的心理创伤和神经官

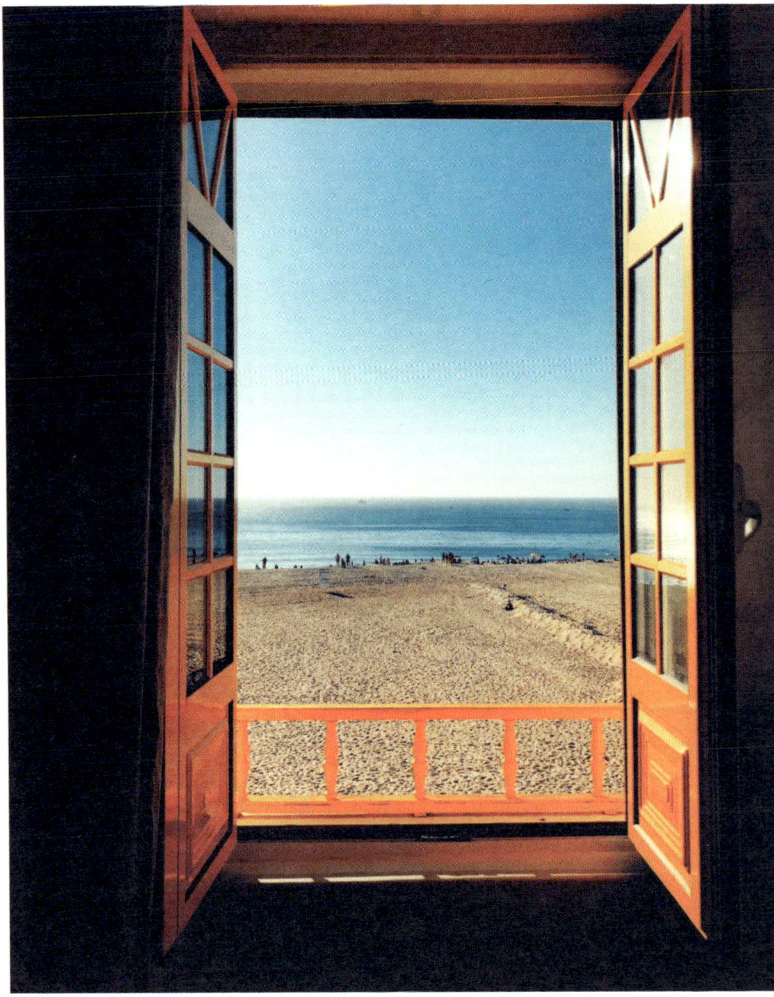

能症；经常冥想，将与人为善作为人生首要目标。然而，这一切在你走进家门的一刹那荡然无存。你变成了一个怪物，将你听到的每个词都曲解为人身攻击。你对你母亲想用内疚控制你的小伎俩太熟悉了，因为她自己也充满了内疚感。到头来，她只是想努力做好一切。至于你那个爱动物胜过爱人类的姐姐，争吵和辩论都不过是希望得到关注的表现。

你的容忍度降低到零，身边每件事都能让你勃然大怒。你半夜偷偷溜去后花园，只为了抽那支从侄儿处要来的烟。你试着证明，至少，你还没成为一个老混球。你仍然是一位四十岁的叛逆少女。

每年你离开这个地方的时候，都发誓要成为更好的自己：更加宽容，更加温和，更加善解人意。至少，要做一个平等的人，达到某种程度的智慧，不受他人左右。因为你爱他们，伤害他们令你痛苦——在这个过程中，你同样也伤害了自己。

那位前任

你们曾如此深爱彼此,他比任何人都了解你。你们同甘共苦,他曾是你的骨血。你们互相属于彼此。他是你的,你也是他的。

然而你们没能共度此生。可是,哪怕在分开时,你都是爱着他的。

> 无论我去哪里,
> 眼前总会浮现出你的脸。
> ——爱

他是你的初恋,但你还没准备好。那时你太年轻了。

也许你们曾有过一个孩子。尽管那令你们无比欢欣,但最终没能挽救这段关系。

他如同一颗流星闯入你的生活——一头扎了进来,和你同行了一会儿,他离开的轨迹将一切破坏殆尽。

他是唯一一位你愿意称其为"我的前任"的。尽管他不是第一位,也不是最后一位。

* * *

分手之后，你觉得自己像一棵随波逐流的水草，不会再爱上别人了。

那些拥抱都成了什么？那些耳鬓厮磨、誓言和承诺。那些欢声笑语，他触动你的方式，从远处默默守望你，或者在寒夜里用他的双脚温暖你的双脚。这些都成了火堆熄灭后的灰烬吗？抑或是逐渐消失的旧伤疤，一桩结案的案件？只有你将这些图片和气味存档，而他在另一个人身上循环使用？

你痛恨自己不能摆脱这些想法。凭什么他说分手就分手，在你们之间的羁绊还如此紧密的时候？你的朋友们重复着那句让人难以忍受的老生常谈："光有爱情是不够的……"他们建议你向前看，把自己灌醉，然后寻欢作乐。要相信这条真理：旧的不去，新的不来。然而，这一切完全没用。唯一的作用是提醒你他的缺席。在关心你的亲朋好友的劝说下，你终于删除了手机里你们一起听过的歌。你甚至将他的衣物送给别人。表面上看，事情在好转，但他依然享有某些秘密的垄断权，并与你的一部分人生亲密接触。**在脑海中，你还在与他对话**。几天、几周、几个月过去，你仍然赤手空拳地和这个侵入你生活的虚拟人物作战。到底需要多少时间、耐心以及韧性，他才能从你的头脑中彻底滚出去？在这非常时刻，你采取了非常规的措施：搬家，以免路过你们最后一次亲吻的地方。你相信随着场景变换，心情也会转换。

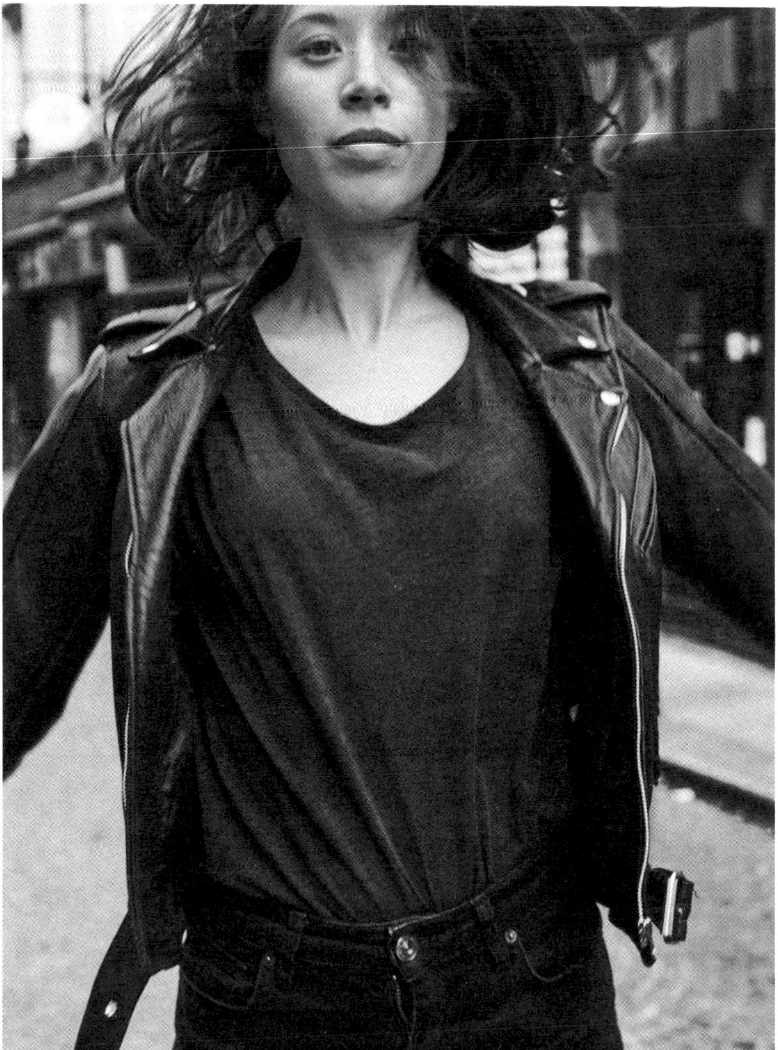

*　*　*

时间的确能够治愈伤痛。你终于能够与失落感和平共处。之前那些令你磕磕绊绊的记忆,比如写给他的信、你们的合照,以及共同钟爱的歌,你现在能够微笑面对了。

当你在街上偶遇他时,不禁脸红,甚至有些出汗,感到一丝尴尬——但你知道分寸。没错,你觉得昨日重现,你的旧习惯和情结也仿佛回来了。但是不可避免的,你总会在某一刻记起你们分手的原因。

安德烈·布勒东在《狂野的爱》中说:"我迷路了,你的到来为我指明了方向。"于是你开始好奇:为何是他?重要的是,**为什么花了这么久,你才允许自己再次坠入爱河?** 抓住过去不放,其实是在保护自己的信念,并且避免你的一部分完全消亡。也许这位前任正是那个时候的你所需要的,如同冲洗照片,是一个学习的过程:如何逐渐显露真实的自己。不是之前,也不是之后。因此,在生活中也并非必不可少。

你甚至都不知道,如果现在的你遇到他,是否还会爱上他。这其实并没有什么所谓。内心深处,你的喜好和情感依然完整无缺,藏在一个只属于你们两人的地方,丝毫不会影响今后的恋情。

> 无论我去到哪里
> 眼前总会浮现出你的脸。
> ——爱

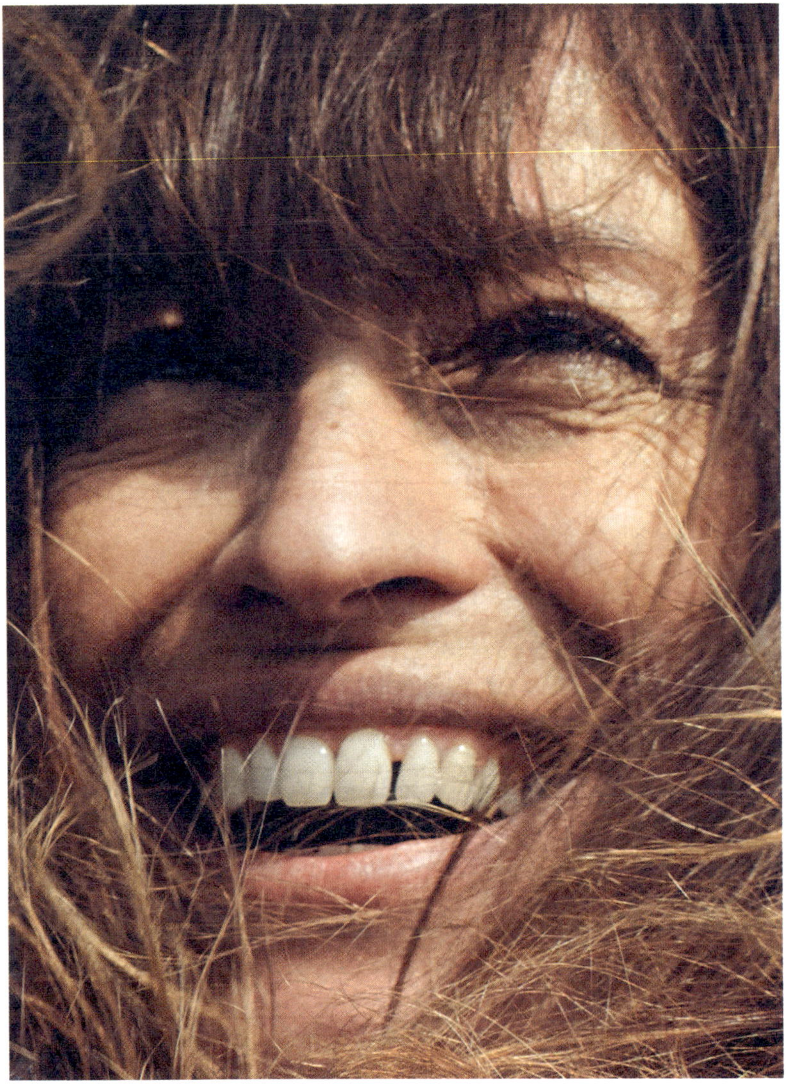

皱纹

阳光给你皱纹。

微笑给你皱纹。

派对给你皱纹。

天啊,没有皱纹的人,生活该多么无趣!

疯狂
又荒谬
的秘方

多少年来，无论是王公贵族还是油嘴滑舌的商贩，都孜孜不倦地寻找令他们看起来年轻、精致的秘方。这些秘密被镌刻在魔法书和相关记忆里，直到现在还能被我们追溯。现在看来，这些做法是如此荒谬而又不理智，有些甚至是彻彻底底的毒药。这让我们反思起自己的日常：在未来的人类眼中，我们现在这些黄金面膜以及丝质洗发水又会是什么呢？他们发现这一切时，会不会像现在的我们一样震惊？他们会不会觉得我们完全疯了，才会相信一片胶原蛋白面膜能够抚平眼睑上的皱纹？这里，我整理了一些先辈充满奇思妙想又古怪可笑的化妆习惯。

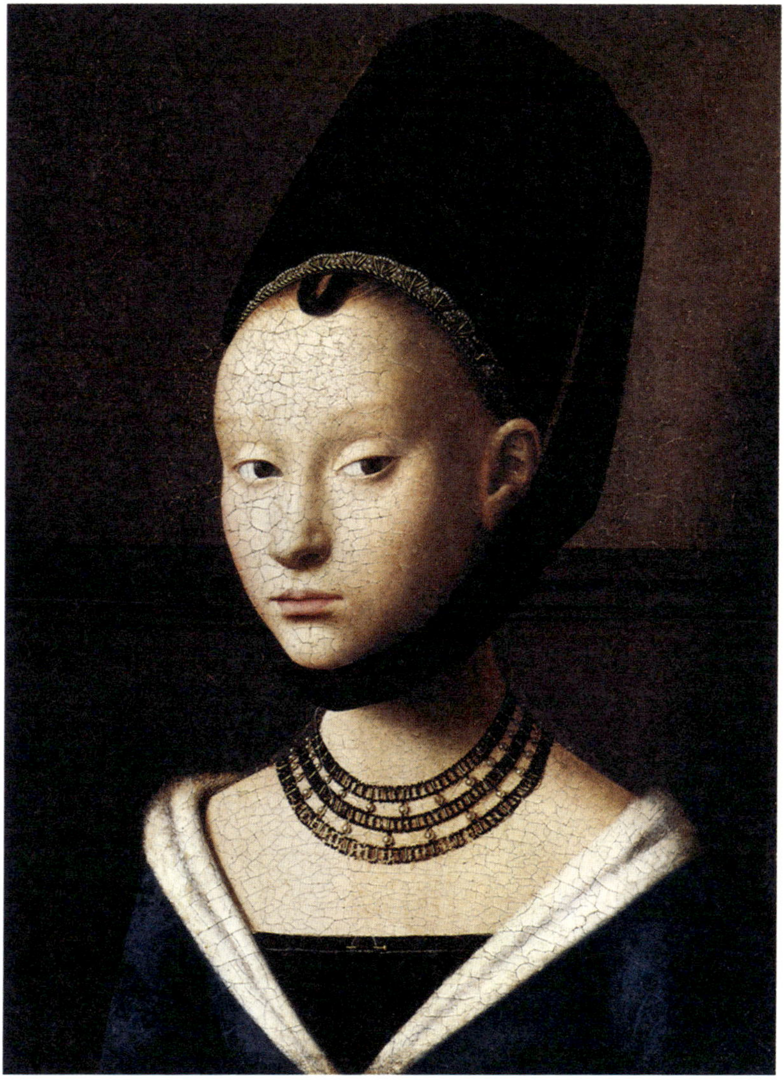

往额头上打蜡：在中世纪，额头是审美的标杆，以大为美。额头最好平坦，尽可能圆润，就像一个面团。我们现在眼中的外星人模样，就是那时完美的巅峰。女性会给她们的额头打蜡，有的甚至剃掉一圈头发，人为地把发际线往后推。至于打蜡的材料，则是一种蜡质混合物，包含了生石灰、砷，以及……蝙蝠血。

染金发：文艺复兴时期，法国十分流行"威尼斯金发"，即一种介于金色和红色之间的发色。他们将柠檬汁和藏红花混在一起，涂抹到头发上，在太阳下尽可能地久坐，使头发顺利染色。

金粉：十六世纪，狄安娜·德·普瓦捷是法国国王亨利二世最钟爱的情妇，尽管她比后者年长二十岁。她年轻时认为自己是全国最美的女子，疯狂地想让自己永葆青春。每天早上她都喝下一碗特制肉汤，里面加入了金粉。这灵丹妙药无疑是致命的：在驻颜的同时，她一步步毒死了自己。对她一缕头发做的毒理学报告显示，她体内的金属含量是正常值的五百多倍。

三的法则：为了定义何为女性美，狄安娜·德·普瓦捷还创造了一套分类法则，每一条都跟"三"相关。在她看来，一个真正意义上的美女，必须有三个白色的部位：皮肤、牙齿、双手；三个黑色的部位：眼睛、眉毛、睫毛；三个红色的部位：嘴唇、脸颊、指甲。此外，身材、头发和手指必须修长，牙齿、耳朵和双足必须短小，乳头、鼻子和脑袋必须小巧，嘴巴、腰线和双足必须窄小。

毫无瑕疵的肌肤：十八世纪，女性把随着年龄增长而出现的小斑点称为"小扁豆"。为了消除它们，那时的女性采用了一种绝对不能复制的方法：她们将毒蛇捣碎，泡进牛奶里，加上少许硫酸。晚间，再用浸透这种液体的敷带将手部和脸部包裹起来。她们的皮肤是如何熬过这一切的？这可真是神秘！

玛丽·安托瓦内特的雪白肌肤：十八世纪路易十六执政期间，凡尔赛宫中的女性为了达到当时的审美标准，遭受了实实在在的身体折磨。当时，判断女性美丽与否的第一条标准就是雪白的肌肤——当然，是为了将她们与田野里日头下辛苦劳作的贫苦农妇区分开。据说，女性的颈部应该白到"喝葡萄酒时，能看到酒液从喉咙里往下流动"。女性为了达到这一标准，会不惜一切代价，甚至用含有大量水银的乳霜烧灼自己的皮肤。玛丽·安托瓦内特在她的私人香料商让·路易·法赫基翁的帮助下，调制出了一种"清新香水"：将两只鸽子砍碎，与一些蛋白混匀，再加入研碎的桃核，接着放入羊奶中浸泡十二小时，在太阳下曝晒三天，在地下室里储存十五天。

诺查丹玛斯的疯狂配方：米歇尔·诺查丹玛斯是十六世纪一位以预言著称的法国药剂师。同时，他也为女性调制美容配方。据说他发明了一种乳霜，五十五岁的老妪涂抹后，看上去就像……十二岁少女！这种乳霜里包含提纯的水银（毫无疑问有毒），还有三天内只吃大蒜的人的口水（试想一下这口气）。将它们倒入大理石研钵，加入醋和银粉，用杵混匀。这个配方无异于一场灾难。

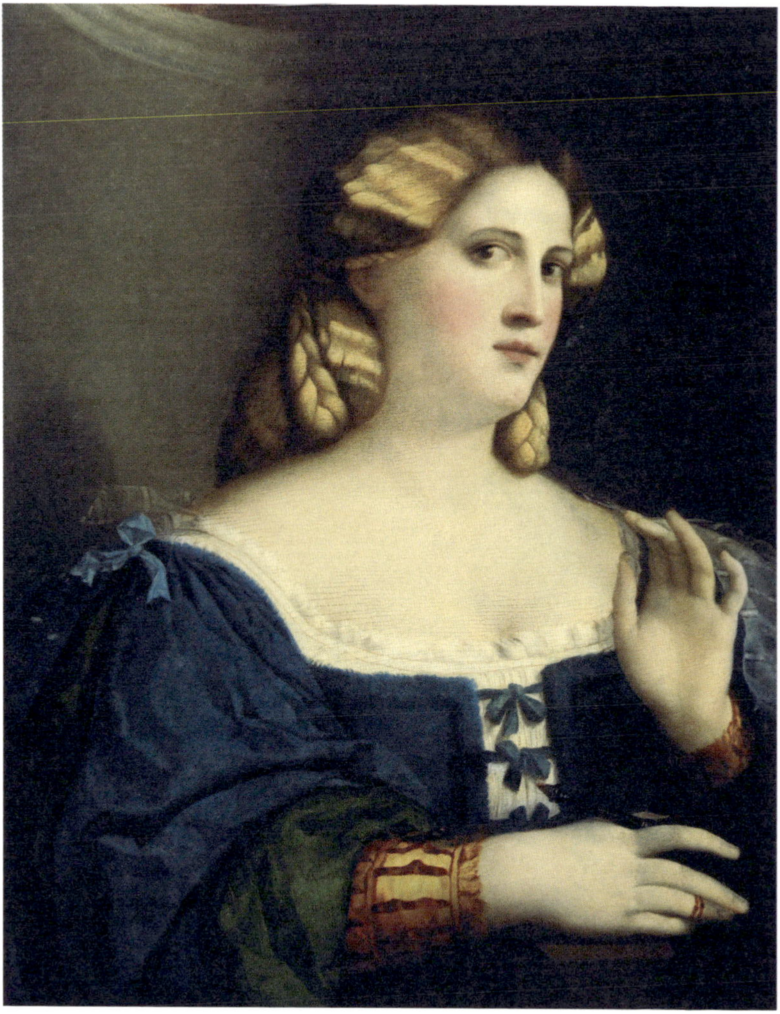

加布里埃尔·德·埃斯特雷的"每日餐后酒"：十六世纪，亨利四世的情妇有一种令肌肤保持光彩照人的秘诀：先将鸢尾花、两个鲜鸡蛋、蜂蜜、威尼斯松脂、珍珠粉和樟脑塞进还没拔毛和去除内脏的燕子体内，然后将其煮熟，搅碎成糊状，加入麝香和龙涎香混合均匀。最后用蒸馏法萃取出一种液体，据说能令肌肤柔嫩又紧实！

这是
最后一次
（你以后再也不会这样了，也许）

当你拿出老照片，缅怀青春年华时，你清晰记得那时的你，坚信自己能找到适合你的那身装扮、那款发型，以及那个命中注定的男孩。

而今天，带着一丝怀旧和喜爱，你回望那些已经挥别的时刻。

那次疯狂的发型和糟糕的染发：你年轻时，经常去找理发师，而不是心理医生。你对理发师说："我想要尝试下新发型，就交给你全权设计了。"毫无疑问的是，精灵短发并不适合你，几次被误认为男生的经历也给你留下了阴影。而那些红褐色的挑染本该给你一种坚定的性感，而不是病恹恹的样子。适可而止吧。

失败的购物经历：那条你打算减肥成功后穿的裤子，给了你宏大的愿景和……阴道酵母菌感染。那些因为大小不一而打折的鞋子，那件你犹豫不决但不好意思拒绝热情的导购而买的黄绿色毛衣。它们静静地躺在衣柜里，或者更糟糕——在某一两个晚上你穿着它们出门时破了。你没必要为了"美丽"而受罪。

那些被你无情挤出的粉刺：你希望它们能尽快消失。年轻时，你只需要做好后续清洁，皮肤就会很快自愈。时间总有它的办法。

拖延症：现在你已经十分清楚，奇迹是不会发生的。比起等事情变得更糟糕，你更愿意踹自己一脚，振作起来完成工作。

如胶似漆的友情：你们同心协力完成很多事情，一直陪伴在彼此左右，煲了很多电话粥。直到这一切太过频繁，你需要自己的空间。现在比起数量，你更注重陪伴的质量。

毫无可能或错综复杂的虐恋故事：你曾希望那些说"我还没准备好进入一段稳定关系，但你想约会的时候可以给我打电话"的男生能够回心转意。但现在，你更享受长期关系带来的甜蜜，而不是毫无关系的两人一夜情后的空虚。

最后，你不再像年轻时那样，常把"再也不"挂在嘴边。现在的你知道生活充满惊喜，你永远不知道下一秒会发生什么。

重新
定义
"关系"

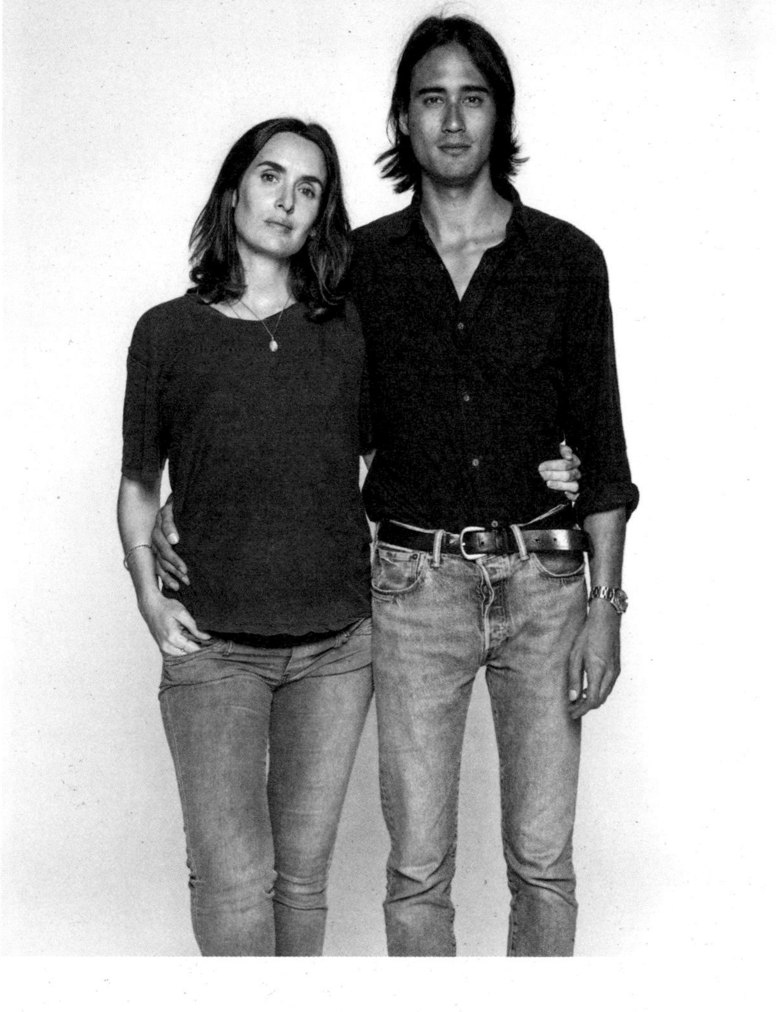

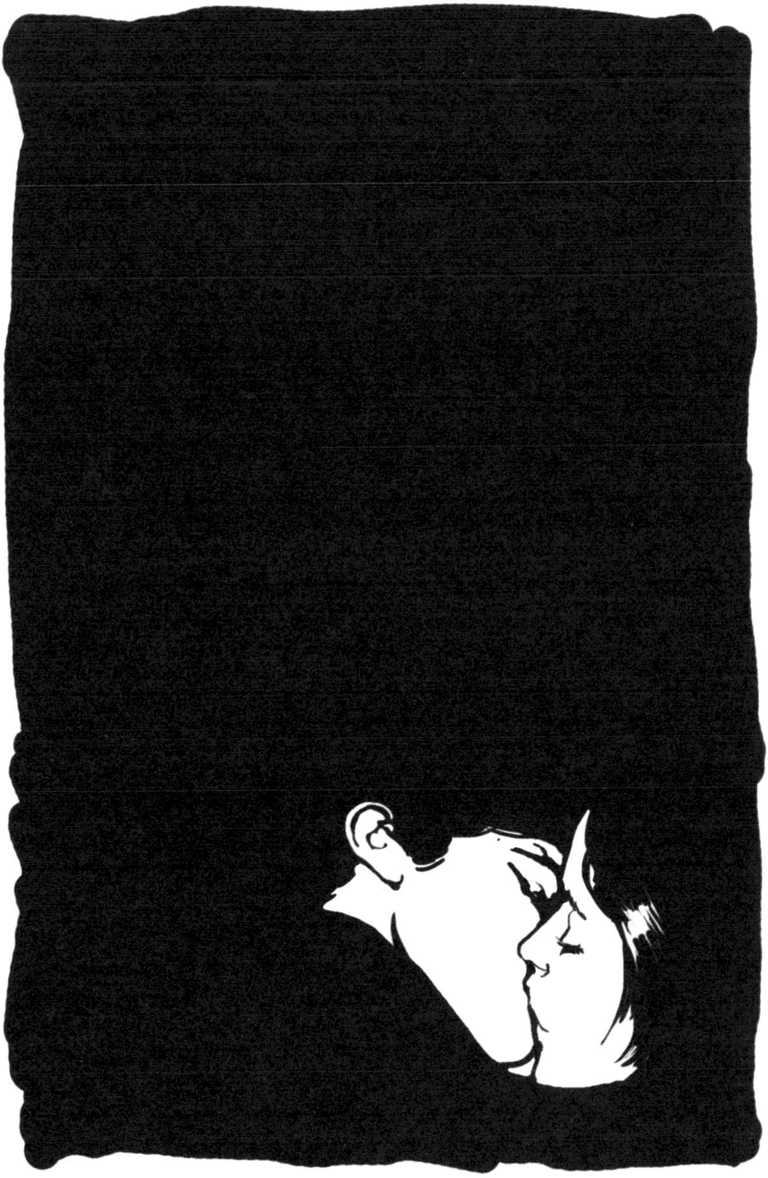

从孩提时代起,你就接受了一对夫妻总是一男一女的设定。他们会永远在一起,结婚,对彼此忠诚。你祖父对此设定了基调:二十岁结婚,直到"死亡将他们分离"。一辈子,无论顺境还是逆境。而你父母的争吵开启了你对婚姻理解的新篇章——直到他们离婚,你才终于能从家里的剑拔弩张中透透气。于是你对从小接受的这一切产生了怀疑:你应该相信它吗?或者说,更重要的是,这一切还可能吗?

传统的一夫一妻制意味着,在你生命中每个阶段,都有人陪在你左右,跟你一同成长。多么令人安心的理论啊,然而现实远比这复杂。随着二十世纪七十年代的性解放运动,以及避孕措施的发明,还有疯狂飙升几乎成为自由标志的离婚率……**你是选择抛弃以往的一切,彻头彻尾地改变,抑或是寻求更传统的做法,以此为避难所?**

回顾一下,你的感情生活并不那么一帆风顺。它并不像你期待或者别人预测的那样。它并不总是令人愉悦,你尝试过、犹豫过,也犯过错误,由此更好地理解了自己。无论是好是坏,你都在以自己的方式体验。

你拥有过短暂的情人。你疯狂爱着他们,同时也清楚你们不可能在一起。你照顾别人的孩子,直到你遇到能够一起养育自己小孩的人。你曾经疯狂迷恋一位同性。他们都是你生命的见证人,注视着你,鼓励着你,以各自的方式爱着你。

那时你意识到,恋情的长短,以及牵涉其中的承诺并不是一切。

这些不同的爱情如同光谱，从来不会重复，但也并不是唯一。

总之，尽管"关系"的官方定义曾经给过你安慰，**你自己的经验却给出与之矛盾的回答。并且，你也在不断改变，仿佛经历过好几次人生。**

下一次会是什么样子呢？下一次恋情会持续到最后吗？

作为参考，你开始近距离观察周围朋友的关系，以及他们是如何生活的（单身、有固定伴侣，甚至有多个伴侣）。除了传统意义上的关系，你留意到新的可能性。比如，一对夫妇可能不住在一起：他们觉得比起一所大房子，两个独立的小公寓更好。这样的关系还挺稳固。你询问他们对于独处和日常杂事的看法。他们中的一些坦言已经不再需要性生活，另一些明确表达了他们不想要孩子的念头：他们很享受单身的状态或伴侣间的平衡，照顾另一个生命的巨大责任会威胁这种和谐。很多人告诉你，他们仍然相信并遵循着忠诚（这一点让你松了口气）；不过，在亲密关系中保持一定的神秘感，也很有意义。你可能会经历爱上一个人、不爱他、再次爱上他这个过程，这甚至很常见。此外，人们还告诉你如何对抗枯燥：一些人选择出轨，而另一些人选择抵抗诱惑。听完这一切后，你决定听从露丝·巴德·金斯伯格充满智慧的话语："有时候，聋一点儿是有好处的。"毕竟到最后，你伴侣的所有不完美都不重要，或者说，不值得你批判和唾弃。

到生命的这个阶段，当新的恋情向你招手时，你意识到有些东西已经改变了。你曾经把爱情带来的战栗看得高于一切，哪怕那意味着折磨、疲惫和沮丧。那并不是身在爱中的感觉，而仅仅是为了证实你之前对爱情的预想。

别管社会和别人的变化，问问自己改变了什么？以前你可能会因别人的缺陷而对其敷衍了事——如果他不是你想象中的样子，便匆匆下结论、草草收场。现在的你，仍然拥有一颗如同二十岁时蓬勃跳动的心，但你已学会接受人们递来的橄榄枝。**你不再要求完美，因为我们都是容易犯错的凡人。**

年岁增长
让人无所畏惧。

——贝蒂·戴维斯

呼吸的
空间

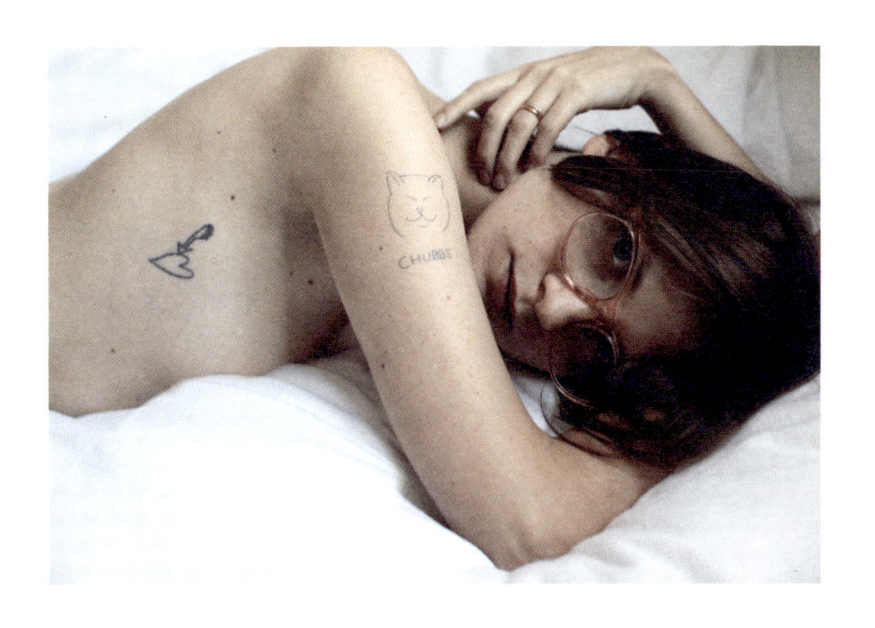

你已经不记得第一次别人对你说"你的腰好细，真可爱"是什么时候了。青春期的征兆藏也藏不住：你害怕耳朵比脸上其他部位长得更快，你觉得牛仔裤日渐短小。你开始意识到作为"美女"的标准，以及那些从镜子里偷看你的女孩。**这世界向你灌输不切实际的美丽的标准，而你不假思索地囫囵吞下**。除此之外，你不知道该怎么办。当你听到别人说你腰肢纤细时，你觉得这是造物主的恩赐。你并不打算达到传说中 36-24-36 魔鬼身材，尽管这会令很多女生艳羡。无论如何，你至少拥有其中的一项——这已经很值得骄傲了。

于是你决定好好"照顾"你的腰部。渐渐地，你学会了炫耀它——这是"用皮带把自己扎紧以致几乎不能呼吸"的简略说法。你的身体如同分裂成了两半,南方的一半正拼命摆脱北方。你感觉自己一直在中风边缘。的确,纤细的腰肢十分美好,让你充满魅力……但是你不能呼吸。你逐渐学会了在这种折磨中生活。你既是施暴者,也是受害人。你的生活一如既往:微笑、交谈、散步——仿佛你不会马上晕过去一样。你在一家精品店发现了一个奇妙的小玩意儿,能让你的腰线匹敌杰西卡兔(电影《谁陷害了兔子罗杰》里的人物)和蒂塔·万提斯。你发誓,戴上它出门简直等于加上了美颜滤镜。然而,当你晚上取下它时,腰部的皮肤上会出现一片红色的线头压痕,直到第二天早上。

想变美,必遭罪。你之前一直对此坚信不疑,以至于没去注意其他东西。疼痛是你的装饰品。当人们追寻美丽的秘诀时,没人会回答"噢,很简单,我只是让自己经历了地狱般的感受而已"。但这确实是真的,你一直都这么做。你的裙子太紧,于是你停止进食。你的衣服只能是符合你苗条身形的尺码,不考虑其他可能性。为了穿一件不应季的高领毛衣,你差点儿令自己窒息。更别提那条如同刮刀般的、差点儿勒死你的皮带了。从生物学的角度说,一个女人很可能因为穿着打扮太糟糕,而令自己看上去老了好几岁。

当你回想这一切时,觉得当年甘受折磨的自己真傻。你在生活的很多方面都争取性别平等,这场战斗却在衣柜门前停下了。于是,带着一股好战的冲动,你决定要对自己好一点儿。当世界告诉女性,比起男人,她们必须为外表付出更多时,你选择对自己宽容一点儿。你将皮带调松了一些。别误会,我并不是要你自我放纵,也不是要你放弃。只有自己舒服了,看起来才会更好。并且,你有这个权力。从现在开始,你终于能够呼吸了。

你知道事情
和以前不一样了

当你在网页上
选择出生年份,
需要不停地
往下滚动鼠标滚轮
的时候。

需要一个同行者吗?

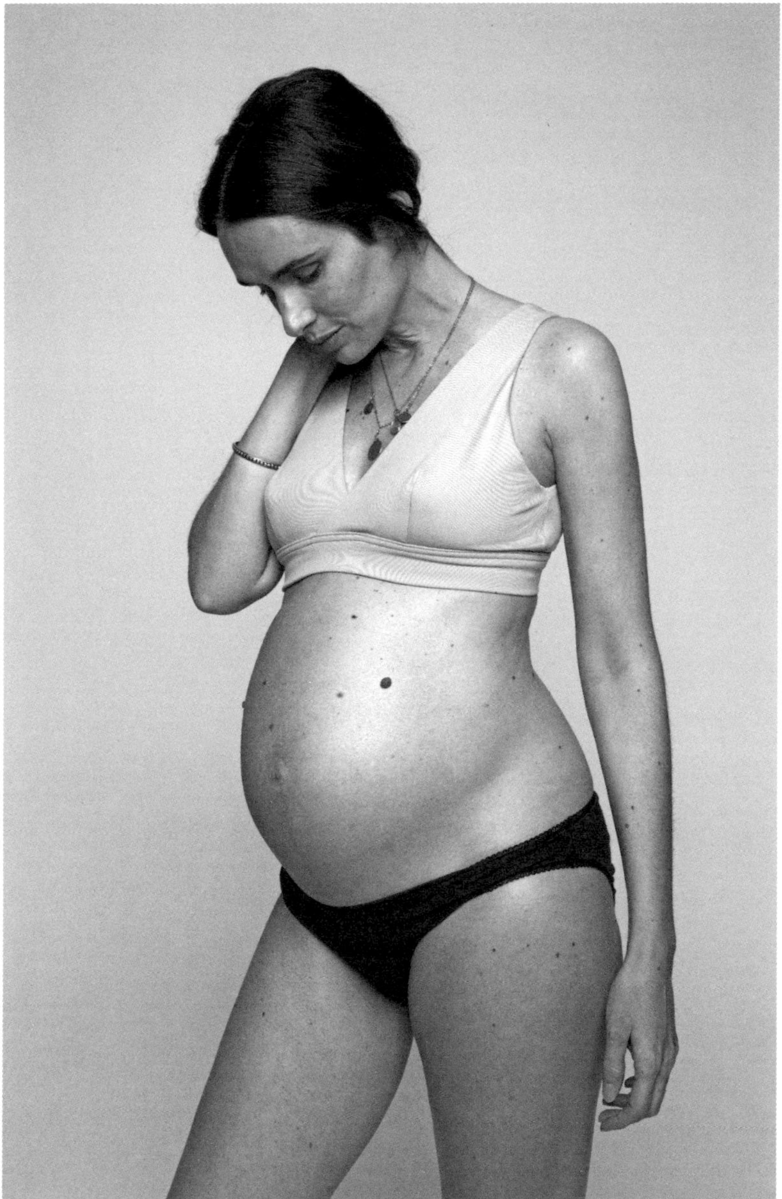

现在，你需要问自己这些问题：

我应该增加家庭成员吗？

我有足够的时间和精力吗？

这会不会影响我和伴侣之间的关系？

我还有多爱一个人的能量吗？

我能做到吗？在工作的同时照看另一个孩子？

突然间，当你看见一个小婴儿时，你告诉自己新生儿简直太淘气了：它们有着可爱的小脸蛋，娇嫩的小胖手，皮肤闻起来香香甜甜的——更别提头上一缕缕软软的头发了。不可避免的是，面对这一团可爱的小东西，你感觉自己的心融化了……于是那一天接下来的时间，你都在思考再要一个孩子的好处和坏处。

1. 你知道应该怎么做。(＋)

    2. 地球已经人口过剩了。(－)

3. 如果你继续等下去,后悔就太迟了。(＋)

    4. 为了平衡收支,你已经竭尽全力。(－)

5. 因为你怀不上了。(－)

    6. 因为你真心想要。(＋)

7. 头胎是革命,二胎是意外,三胎会自己养活自己。(＋)

    8. 上一次,你花了两年时间才减肥成功。(－)

9. 二胎之后飙升的离婚率。(－)

    10. 大家庭很有意思。(＋)

11. 你受够换尿布了。(－)

    12. 上次生产后,你说过"再也不生了"。(－)

13. 在某个节点,你必须停止。(－)

    14. 因为这太疯狂了!(＋－)

那些你仍然在听的歌曲

（暴露了你的年龄）

* 奔跑DMC乐队（Run DMC）——《这很棘手》（It's Tricky）
* 涅槃乐队（Nirvana）——《心形盒子》（Heart-Shaped Box）
* 收音机头乐队（Radiohead）——《攀上围墙》（Climbing Up the Walls）
* 难民营乐队（Fugees）——《温柔地杀我》（Killing Me Softly）
* 神韵乐队（The Verve）——《甜蜜苦涩的交响乐》（Bitter Sweet Symphony）
* 红辣椒乐队（Red Hot Chili Peppers）——《另一边》（Otherside）
* 愚人花园乐队（Fool's Garden）——《柠檬树》（Lemon Tree）
* 库里欧（Coolio）——《黑帮的天堂》（Gangsta's Paradise）
* 暴力反抗机器乐队（Rage Against the Machine）——《以杀戮的名义》（Killing in the Name）
* 绿洲乐队（Oasis）——《不要为过去懊恼》（Don't Look Back in Anger）
* 后裔乐队（The Offspring）——《出来狂欢》（Come Out and Play）
* 枪炮与玫瑰乐队（Guns N' Roses）——《别哭泣》（Don't Cry）
* 模糊乐队（Blur）——《第二首歌》（Song 2）
* 甜蜜射线乐队（Sugar Ray）——《别闭眼》（Hold Your Eyes）

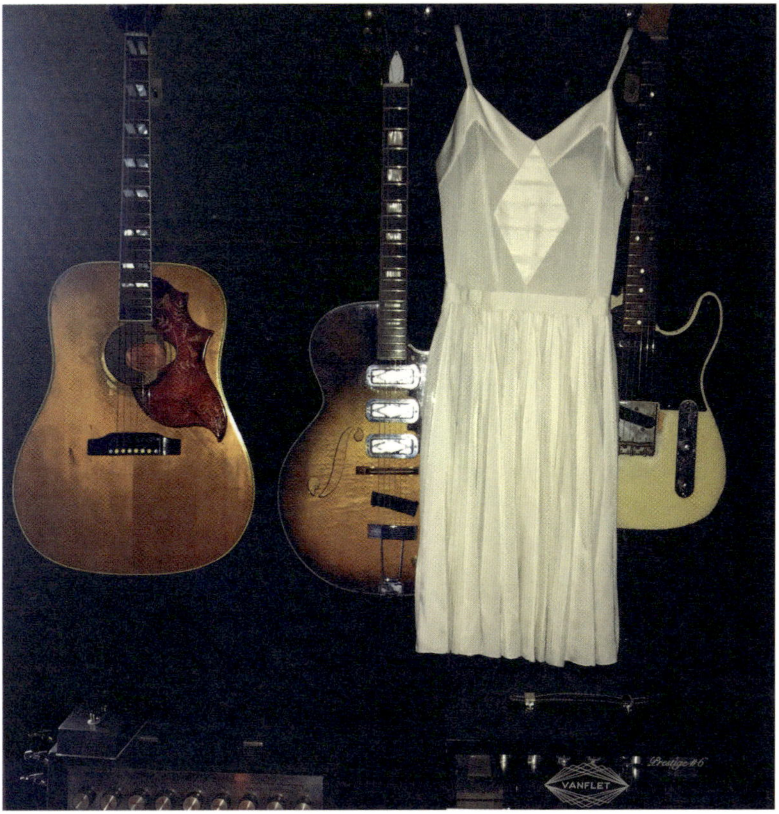
VANFLET

一对恋人相约在餐馆里见面。他们年轻时曾疯狂相爱,后来世事变迁,被迫分离。很多年过去后,他们终于能再见面,到他们以前经常去的附近那家很棒的餐馆共进晚餐。逝去的时光在脸上留下了痕迹,但他们不以为意,仍用当年注视彼此的眼神深情凝望着对方。重逢的喜悦丝毫不减,一切仿佛就在昨天。他们面对面坐下,打量着菜单。这时,服务生上来了。

"请问,二位今晚想点什么呢?"

"今日特餐吧。"女人说道。

"好主意,我也要一份。"男人也说。

"非常好,"服务生说道,"但具体是哪一道菜呢?"

他们对视了一眼,突然扑哧一笑。两个人都拿出了眼镜,认真看起菜单来。

每个人
都会如此

如果你发现自己看不清前一页上的文字，这很正常。这就是你需要老花镜的征兆。这是个非常糟糕的时刻，你试戴了一下朋友的眼镜，结果只是印证了这个结论：有老花镜，生活会更美好。

事情是这样的：你不会在某天早上醒来，突然意识到你需要它。在到达那个节点之前，你已经抗拒了很多年。如下是一些毋庸置疑的、你需要老花镜的表现：

· 奇怪的是，你不像以前那样爱读书了。

· 不可否认的是，当你对一本好书爱不释手时，偏头痛越来越频繁了。

· 当你核对餐厅的账单时，习惯将手臂伸远，以看清上面的数字。

· 看电脑时，你把字体放大到 1.25 倍。

· 老花眼并不是疾病，只是出生后不可避免的、眼部晶状体的衰退过程。它是全世界第一个出现的眼部缺陷，几乎每个人都会经历这个过程。好消息是，一副好的老花眼镜可以让你像拥有一双美腿般性感。

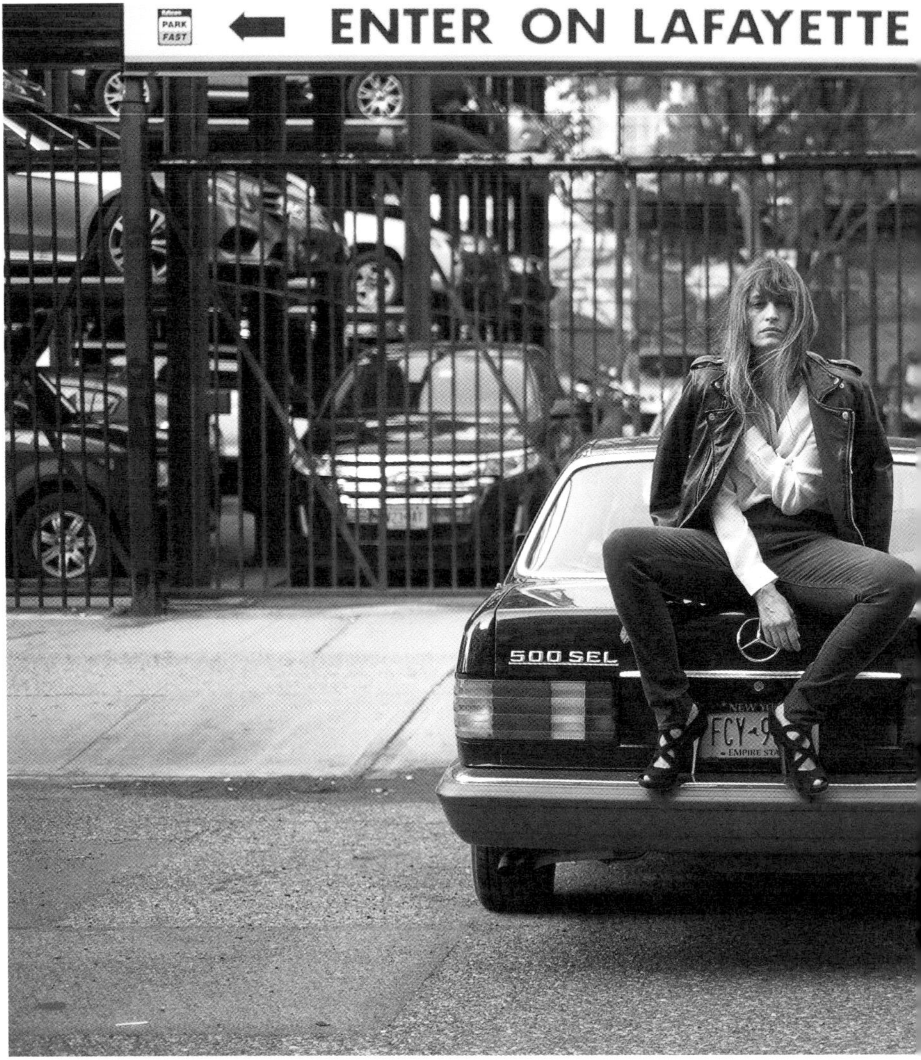
PARK
FAST
ENTER ON LAFAYETTE
500 SEL
NEW YO
FCY-9
EMPIRE STA

一次
美好的
经历

他身上有汗水混合古龙水的气味。
你看着他精致的脖颈，
他似乎很年轻，
你喜欢他自信的笑声，
当你问他这是谁的歌的时候，
那种笑声。
你仍然称它为歌曲，
因为你从没听过这首
他最喜欢的电台正在播放的
好像大家都知道的电音单曲。
他得意地笑了一下——一半温柔，一半淘气地
哼起了旋律，
放下了戒备，
与你攀谈起来。
他不是本地人，
有时感到寂寞；
在这个残酷的城市，
音乐是他的避难所。
你看着他灵活的双手，
那双手上几乎看不到血管。
唱到副歌部分，
他看上去有些脆弱。
突然他随着音乐扭动身体，

耸耸肩,摆摆头。
令你惊讶的是你也这么做了,
你们一起笑出声来。
他告诉你,
会发给你这首流行歌曲的名字。
你在镜中和他对视,
不由自主地说,
我会听着这首歌
……想着你。
他看上去有点儿惊讶,
不太愉快地用眼神上下扫视你,
一副没有听懂的样子。
车停下了。
他甚至没有转过身,
只是说:女士,祝您度过愉快的一天。
在这次时长十分钟的驾驶服务中,
你仿佛在转瞬即逝的时间里,
改变了年龄。
你迈出车,走到人行道上,
数秒之后,
车离开了。

你知道事情
和以前不一样了

当你发现自己
开始对传记着迷
的时候。

新的
恋情

康斯坦丁·布朗库西的著名雕塑《吻》是由一整块石头雕成的。一对情侣缠绕在一起，成为一体。它捕捉并说明了一切：永恒的爱从一个吻中得到了力量，一对情侣彼此相拥，合二为一……

但有时候，爱情会退回原点，一分为二。
恋人分开。这让人痛苦难忍。

然后某天，你振作起来，与他人接吻。这是一个令人激动的时刻，因为你之前完全没预想过。你期待的本是一个庄重的、水到渠成的、令人激动的拥抱，然而，你动摇了。你的第一反应毫无疑问是尴尬：你的肌肤在与陌生的肌肤摩擦，气味很陌生，还有十分不熟悉的柔软度。对方的舌头让你震惊：这跟你之前熟知的太不一样了。**用自己的身体去感受另一具全新的身体，这实在令人有些吃惊。**

你以为自己已经准备好了。说实话，你十分盼望这种不同的感觉，甚至幻想了很多次。可是你突然意识到，你和之前的伴侣在漫长的时光中，已经雕刻并铸造了彼此。如同两块摩擦很久的石头，接触面光滑无比，完美地适应彼此。你告诉自己在这次恋情中，你会体验到二十岁时那种蓬勃的激情和活力。然而相反的是，你体验到的是二十岁时最糟糕的一切。

你仍然感受到这一切：恐惧、焦虑，以及没有答案的问题。以前给年轻女孩第一次的建议，对现在的你同样适用：

这不是一次表演。
只做你想做的和你愿意做的。
请你的伴侣放松，他可能和你一样紧张。
别做任何让你觉得尴尬的事。
你有足够的时间来了解、探索彼此。别急，你的目的不是为了赢得体操比赛。
别为你身体的细节分心：你的伴侣完全不在意这些。
最重要的是当时的感受。

在这次全新的体验中，你将会和别人，也就是你的新恋人，融为一体。正如布朗库西的雕塑意味着立体派的诞生，开创了新艺术形式的先河。

用自己的身体去感受
另一个全新的身体,
这实在令人有些吃惊。

时髦
小秘诀

果断选择一件大两码的外套。
硬挺的线条会给你别样的魅力。

西装并不一定非得海军蓝或黑色才能展现你的严肃气质。恰好相反,这套复古粉的西服显示出你的决心和创意。

晚上外出时，试试穿着斗篷。

这能为你增添一份神秘，并且留下回味的空间。

挑选出那些适合你的单品。

心情不好的日子里，套上它们就能出门。

一件简约的深色单品搭配有趣的配饰，是屡试不爽的法宝。

用单色服装搭配风格强烈的单品——单色服装与单品上已有的颜色一致。

这将会让你看起来非常优雅。

将你的西装拆开，重新搭配成套。这将会十分时髦，令人耳目一新。

这便是你的新衣柜！

大卫·鲍伊
如何拯救了
你的生活

2016 年 1 月 10 日

你全身颤抖。大卫·鲍伊去世了。你感觉身体里那个爱唱歌的灵魂被撕成了碎片。但这不是事实。为命运悲叹、泪流成河的是你心中那个患疑心病的自己。为什么呢？只因你现在面临一个无情的方程式。

大卫·鲍伊奉行及时行乐。他说："我跟每个人都能眉来眼去。"他举办了伦敦最为盛大的狂欢宴会，在起居室正中摆放了一张用毛皮覆盖的床——这是对他人生哲学的总结。他的人生由无数个漫漫长夜组成：在酒精中沉溺、在毒品里忘形，以及创造出好到无与伦比的音乐。与之相伴的，是数不清的宿醉。

但大卫·鲍伊有专门的医疗团队、随叫随到的医生、萨满巫医、针灸师和理疗师。他既有钱又有关系网，能得到最厉害的专家的救治，甚至接触到我们无法想象的未来技术。他有和一切逻辑对抗的办法。

这意味着大卫·鲍伊不会死。因为如果连他都会死，那我们肯定也难逃此劫了。

到目前，你一直被这个错觉蒙蔽：我们可以成为英雄，永远活在当下，找到永生的良药。

你不停地哭泣。然后在那个 1 月 10 日，你戒了烟。

大卫·鲍伊也许挽救了你的生命。

爱的念想

你和他偷偷做了一切，除了上床。

他是那个点燃你内心火苗的人——尽管他并没在你的房子里放火。

给他发的信息，你来来回回修改了五六遍。

你一年只见他一次，但每天都想念着他。

你有时只给他展现自己最好的一面。

为什么不跟你的另一半一起做这些事情呢？

这不理智。你需要这个秘密花园。

某些电影你想和他一起看，但你永远不会这么做。

你完成一些事情，只为向他证明你是最棒的。

他不在你的床上，但你能听到他的声音在大脑回响，悄声诉说着鼓励的话语。

他不知道自己对你来说有多重要。

他会对此很惊讶。

你不曾跟别人谈及过他，甚至对你最好的朋友也是如此。

他一直在你们以前去过的，僻静又隐秘的地方。

他是你最后的避难所。

他激发了你的诗意。

你没法跟他做爱——因为你没法和爱的念想做爱。

但他带给你真真实实的好处。

我们应该
有两次衰老的机会。
第一次，
猝不及防。
第二次，
有时间珍惜。

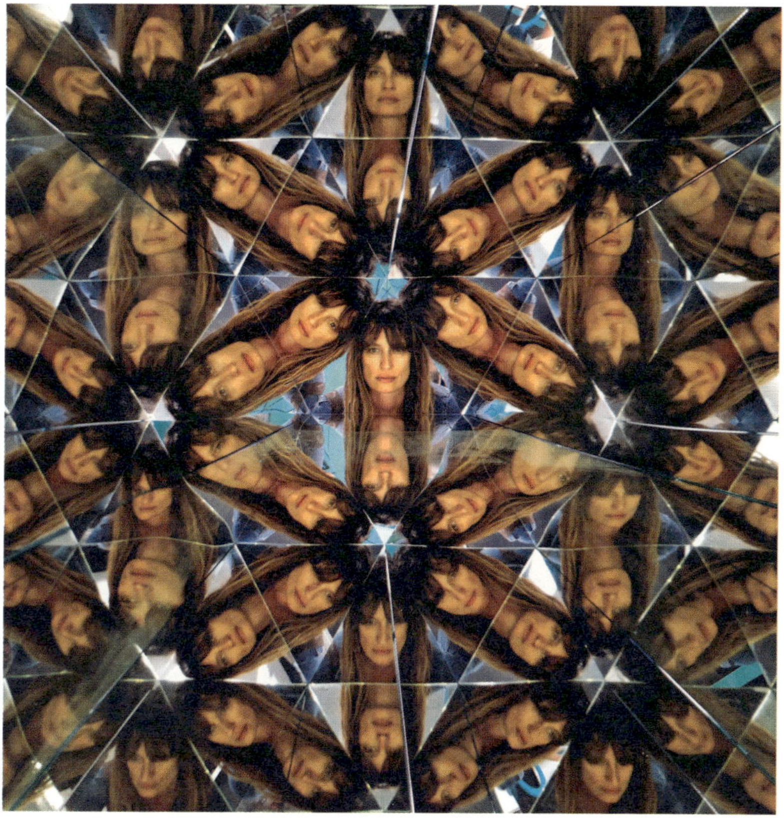

那些
你以为自己
永远都不会说的话
（第二部分）

噢，那是新的流行语吗？是什么意思呢？

二十岁时你以为自己知道一切，到我这个年纪你才会明白生活不是那么简单。

趁还可以享受的时候，尽情享受吧——毕竟时光过得太快了。

你看天气预报了吗？

别嚷嚷，妈妈很累。

如果我跟你一样大，我就不会这么做。

天涯何处无芳草。

我们是迷失的一代。

出门前去一趟厕所。就算不急也要去。

我完全听不懂实习生说的东西。

你应该对周围的世界更好奇一些。

我不想穿你母亲节送我的那件礼物,因为不想把它弄脏。

现在我不喝白葡萄酒了。

如果你感觉没胃口吃蔬菜,那也别碰甜点。

如果你把口香糖吞下去,它会粘在你的胃里。

我出生于上世纪。

我好像和那个男的上过床。他叫什么名字来着?

你的金鱼出差了。我们不知道它什么时候回来。

夜的死寂

有时候，生活就是个混账。

年轻时，你只要有睡意，无论何时何地都能睡着。但渐渐有些事不受控制，一个狡猾的敌人从阴影里现身，它叫：失眠。寂静的深夜，当其他人都酣然入梦时，你却大睁着双眼忍受这一不公平的惩罚。更令人恼怒的是，你甚至找不到能对此负责的人。对失去的这三小时睡眠，你唯一能做的就是增添一条皱纹。第二天早上，你精神百倍，如同一个青春期的少女，却顶着一个日益痴呆的大脑。

据说，每个人对疼痛的感知度是不一样的。这一点对睡眠也适用。最糟糕的是，在你最需要睡觉的年纪，它却令你非常失望……

失眠的挣扎：

* **一个典型的失眠夜，或"我思故我在"**：确保你的大脑一直运转。只是它有点儿过于活跃，因为关闭按钮本应该被按下了。你难免会打开手机——大家都知道，明亮的屏幕能够让人更容易再次入睡。

* **夜的死寂**：现在是凌晨三点二十七分，对入睡来说太晚，对起床来说又太早。你发现这种整夜失眠经常跟月亮周期有关。然而，当你一副要死不活的样子去上班时，有人却嬉皮笑脸地对你说："嗨，听说昨晚是满月——你应该完全不信这种无稽之谈吧？"此刻，你的内心突然涌起一股毋庸置疑的、想要掐死他的冲动。

* **早晨到了**：不，未来也许并不完全属于那些早起的人……

* **调整时差的第一晚**：酒店的电子钟显示现在是凌晨三点，你的身体却告诉你这是晚上六点。完美的时机……你的声誉和事业都取决于你能否在五（四……三……）小时内完成那个报告。

* **全套打包**：孕期失眠。夜间你的激素剧增，你冲去洗手间四次。黎明，你肚子里的宝贝开始了胎动。这也许是你唯一能接受的失眠形式，至少能找到原因。你希望在婴儿降生之前能睡个好觉，然后你不可避免地想到了生产时的情景……好了，这下再也睡不着了。

最后你终于睡着，然后闹钟给了你致命一击。那一刻，你多么希望能够享受轻松的一天：每个人都对你异常温柔，抢着帮你完成工作，甚至根本不会把任务派给你。于是，你决定振作起来，给老板发了条信息说孩子拉肚子了。

你知道事情
和以前不一样了

当你的
眼睛
一只比另一只大
的时候。

新
浪漫主义

生命中有这样的日子：她整装待发，怀着清晰的意图和目的（她就是我们所说的 A 型）。归来时却带回完全不一样的目标、心情，或者跟预期完全不同的教训。

至于线上交友，她很早之前就下定了决心：跟那些缺乏真正的社交生活、不得不在网络上给别人点赞和聊天的人不同，她能做得更好。别人也警告过她网上交友的坏处：

那是一片丛林。一片被自恋、暴力和反复无常统治的丛林。每个人都知道 X 群体的目标是上床，Y 和 Z 其实也是——尽管他们会提到什么"长期关系"，但不过也是打掩护而已。在那儿，你就是一块送到他们嘴边的肥美鱼肉。

她厌倦了（不可思议的是她依然单身）。聚会上，总有相同类型的人找她搭讪，而**她将前任全变成了情人**，因为这样更方便，却日渐显得老派。在巴黎，没有人真正去"约会"：他们要不上床，要不相爱。渐渐地，她的好奇心被勾了出来。

事实是，她想要挑战。选择冒险比什么也不去体验更令人兴奋。她的虚荣心也亟待满足：用那张照片做头像，她感觉自己就像被狂野又饥渴的罗马人发现的埃及艳后一样。

* * *

她将自己归为 Y 和 Z 类，也曾在波尔多红酒的助攻下，一时兴起将自己标记为 X。让我们来看看哪一种更有吸引力（以一周时间为试验期）。

最初几天跟她想象的一样：各有优劣。她对遇到的形形色色的人感到震惊。跟陌生人亲密接触的感觉十分奇怪，哪怕只是在精神上。让她十分惊讶（好吧，其实是失望）的是，几乎没有人给她点赞。好不容易系统显示了一个匹配的人，她开启了话题，对方却很快对她置之不理。这些人都有什么毛病？！

当她把自己粗浅的网上交友经验分享给几个男性朋友时，他们哈哈大笑,告诉她他们的惯用手法:向右滑动页面,向看到的每个人都表达兴趣,之后才在那些也对他们表达了兴趣的人里做选择。

好吧,她筛选了六百人,只通过了三个。而且,第三个她还拿不太准……

* * *

让我们来看看,她本周的前两次约会。

这是在现实社会中,跟看上去很正常的男性进行的约会。他们并不是多么优秀的大帅哥,别太激动了,但他们成功地激起了她的好奇心。

初次约会的对象是那位身材颀长、深色头发的男性。一开始,她不得不强迫自己微笑,表现得很放松:这完全不是她的个性。过了一会儿,他的闲聊让她冷静下来。她意识到,和自己生活圈子外的人打交道是有好处的。这场对话不是她熟悉的风格,带点新奇,但绝不惹人生厌:她甚至开始乐在其中。这个时候,他选择向她摊牌。看起来,他不是很清楚该如何告诉她。他说:"你看,我是一个很传统的人。所以其实,我想要一个家庭。"这语气听上去几乎是在道歉。她努力隐藏自己的惊讶。尽管他们并不是通过朋友相识,而且才认识一小时,她发现自己在交谈时已经带上了某种亲密和诚实。她已经很久没有对异性这样了。她告诉他,我想要的跟你一样。(当然,是整体说来,并不一定是跟他在一起。)

几天之后，在另一家咖啡厅，二号男性坐在她对面，开门见山地表明来意。他很快就表明态度，告诉她，**他没有可供浪费的时间：如果她只想寻找床伴，最好另寻他人**。他的目的是寻找一生所爱，并不想跟网络性瘾者嬉闹。

* * *

她本想从社会学角度证明，自己比那些从网上寻求恋爱关系的人好太多。那些男人不过是一群乡巴佬和好色之徒，她不屑与他们为伍。与其在这场约会游戏里浪费时间，不如等待那位真命天子的出现：一直这么做的自己实在太明智了。然而这次经历之后，她发现了一些不一样的东西：网上其实有很多未被发现的好男人，比她之前设想的数量多得多。而他们中的一些比她的朋友，甚至比她自己，都还要更浪漫、更自信。

也许，自己单身的原因是没有明确的规划，也不知道真正想要什么人。想谈恋爱是一回事，但真正爱上别人并与之共度余生，也许是另一回事？

她知道，这两个男人并不是约会应用程序中常见的类型，也知道自己的经历与众不同。因此，她觉得这是种恩赐：他们让她明白了之前的自己是多么愤世嫉俗。他们如春日里和煦的暖阳，帮助她成长，让她意识到和男性之间可以有一种更为柔和的关系：带有浪漫的、人性的温度。

你知道事情
和以前不一样了

当你发现
同事的出生年份，
是你大学毕业
那一年的时候。

整形手术替代方案

世界上有形形色色的人。

有些人赞颂自然老去，对你说："这就是生活。变老是很美的过程，你应该引以为豪。我祖母有很多皱纹，能从她脸上见证到人生印迹实在太棒了。"——说得你好像已经七十岁了一样。这听起来是很棒，但你发现那些宣称让大自然施展它魔法的人，看上去可比你年轻多了。他们要么每天做瑜伽，要么似乎拥有能抵抗时间流逝的永恒基因。

另一些人十分习惯针头和整形手术，认为我们应该最大限度地利用现代科技。他们说："下垂的眼皮会让你看起来像一只悲伤的小狗。真可惜，明明拉一下皮就有很好的效果。拿去，这是我整形医生的电话号码——他是最好的，手艺巧夺天工。看看我，你能看出我拉过皮吗？"不，完全看不出来……

还有一些人十分迷茫，在两个阵营间摇摆不定：**想要获取一些人工的帮助，但又害怕失去真实的面容**——抑或失去灵魂的一部分。他们暗自羡慕在路上或餐厅里碰到的皮肤光洁、额头上没有皱纹的女人，希望自己也有同样的勇气。但他们没有。有些女性（或男性）去医院的频率跟外出聚会或者跟朋友看电影差不多。他们认为这没什么大不了的，只不过就是注射一下肉毒杆菌毒素、透明质酸或者管他什么其他的填充物而已。有些皮肤科医生甚至建议从二十岁就开始注射。"早点做，"他们告诉你，"这样皱纹根本没有机会形成！"

但最后,他们还是没去做整形手术,理由是担心会给身体带来风险。尽管他们在头痛时,会吃下你给他们的任何药片。

在保持年轻的道路上,他们转身追寻另外的做法。

毕竟,让我们承认吧,眼看自己老去是相当难受的。

脸部瑜伽

这是一系列能够运动脸部肌肉的持续动作。

它能够帮助抚平皱纹,让肌肤恢复弹性和紧致。

雅凯拧按法(也可以作为自我按摩)

用拇指和食指捏住皮肤迅速拧按,直抵深层肌肉。这种按摩能消除疲劳肌肤的皱纹,为其增加光彩。

节食

吃未经加工的水果和蔬菜,早上起床后喝热柠檬水。绿茶能让你的皮肤更有光泽。

古美道

一种传统的日本按摩术,对脸部肌肤有自然的提拉作用。

它还能带给你内在的平静。

氧气疗法

一种将低温氧气喷到脸上的疗法。这能促进血液循环和细胞再生，令肌肤更细腻，更有光泽。

冷冻疗法

一种用冷空气使皮肤紧致，通过冻结皮肤神经增加皮肤光泽的疗法。

你的皮肤将会更加光滑。

射频技术

一种激光疗法，利用短波产生热量，穿透皮肤软组织，从而刺激胶原蛋白合成，使皮肤饱满紧致。

美容针灸

一种对身体和精神都有作用的中医疗法，能延缓皮肤衰老。

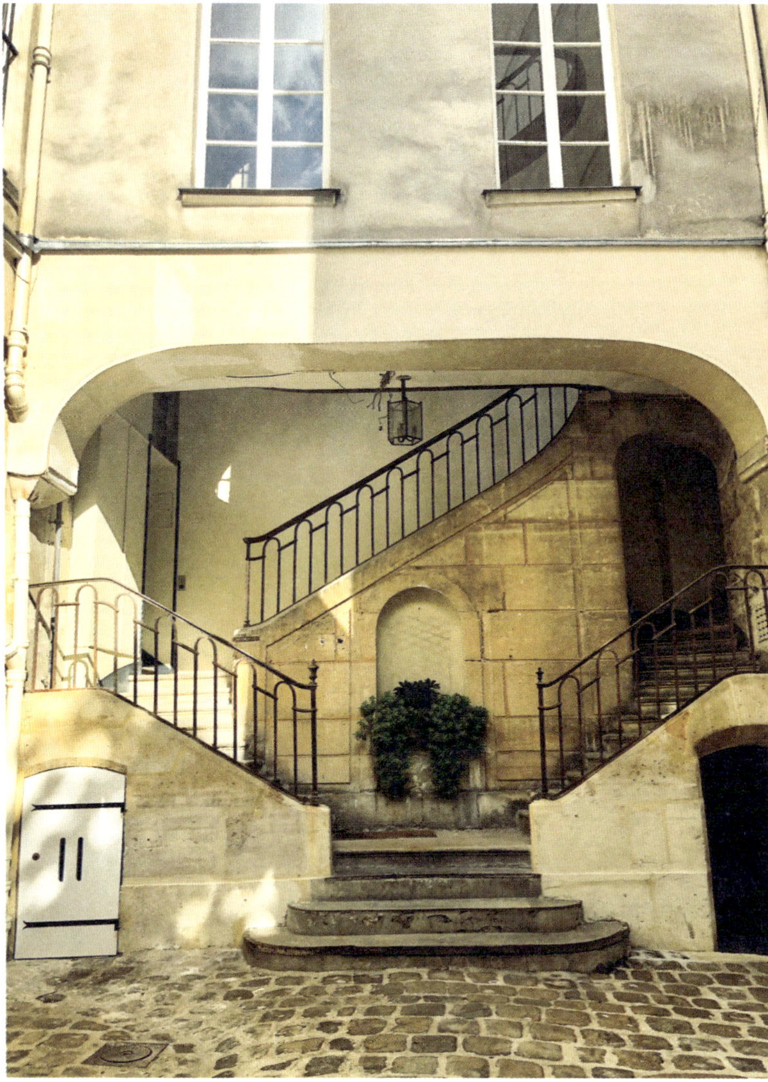

长期
单身生活

难熬的时刻：

- 亲友告诉你，他们的小宝宝降生了。那些可爱的照片让你心潮澎湃。

- 周日上午，你一个人躺在床上，不知道今天应该干什么。

- 朋友们不敢在你面前提及你的感情生活。

- 你的朋友建议你遵循他们的模式。但你知道，每个人的故事都不同。

- 你担心，在最好的年月里，身边没有人跟你一起分享。

- 在满怀期待（甚至穿上了你最性感的内衣）之后，你还是一个人入睡。

- 连你的母亲都建议你下载约会软件。

- 在计划旅途的时候，你既不想独自旅行，也不想跟一群小孩待在房子里。

- 就连那个曾跟你同在单身阵营里的朋友——P. 也谈恋爱了。

轻松的时刻：

- 你意识到，婚后生活可能是地狱。

- 你来去自由，不需要每晚七点前必须到家。

- 与 P. 的新男友见面后，你觉得哪怕他是世界上最后一个男人，你也不会跟他上床。

- 你收到亲友小孩的出生公告，设计得真俗气。

- 充分享受最美好的年华，只做自己想做的事情。这种感觉太棒了。

- 带回家的这个人，你们可能永远都不会再见面。这种兴奋感让人战栗。

- 你不用做假期规划，因为你能去任何你想去的地方，哪怕在最后一刻。

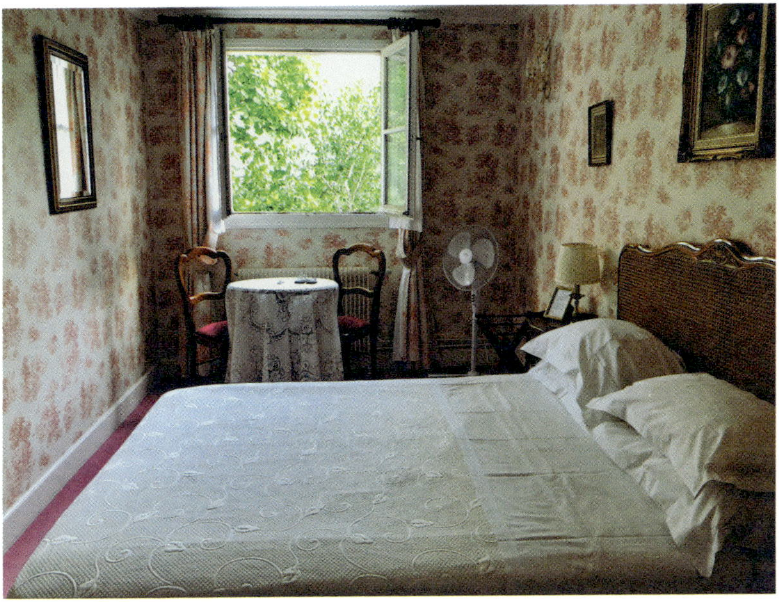

乐观的
转折

从统计学上来讲，比起同床共枕的这个男人，那群狐朋狗友会让你老得更快。因此，你需要认真打理这些"一生的关系"——尽管有时，他们的大嘴巴和犟驴一样的性格会把你逼疯。没错，这就是你的朋友。因此，当一段友情面临崩溃时，你需要审视自己的内心，寻找最关键的一点：善意。

温暖和善意需要时间，也是一种关怀自己的方式。

生活中，会遇到如下情景：

* **朋友反应过度，因为一些蠢事朝你大叫大嚷**

    第一反应：想问她多久没有性生活了。

    善意的反应：避免与攻击性言语正面交锋。温和地告诉她，她的语气有些伤人。

* **朋友再次放了你的鸽子**

  第一反应：你告诉她，你已经警告过她无数次了，这是压死骆驼的最后一根稻草。在狂怒中，你挂掉了电话。

  善意的反应：跟她计划行程时，你总会有备用计划，这样就不会浪费一个晚上了。现在你需要确定的是，她这么做的原因是跟别人有约会，还是心情低落？

* **朋友与你做的选择完全不同**

  第一反应：你决定不再跟她交往，因为理解彼此实在太复杂了——你们生活在两个不同的星球。

  善意的反应：要维系这样的友情的确不容易，但它帮助我们反思自己的观点，跳出之前的思维模式来看问题。

* **跟你男朋友睡觉的朋友**

  第一反应：你恨她，再也不想见到她，伤害直达内心深处。

  善意的反应：你尝试理解她为何要这么做。也许，出于对自己女性特质的不安全感，她想要证明自己？

  （你在开玩笑吗？当底线被跨越时，善意就应该终结了。）

他们告诉你，
时间会改变一切
（然而并没有）

当没有干净内裤换时,你穿上了一条泳裤。

在参加一个既重要又烦人的会议前夜,你喝了太多酒。

当渴求某样东西时,你又开始相信上帝了。

每次看《走出非洲》时,你都会哭。至今你仍希望罗伯特·雷德福乘坐的飞机没有起飞。

你有一个最好的朋友,比其他朋友都要亲密。无论如何你都不想失去。

当你一个人在家里看恐怖片时,你不敢离开房间,甚至连厕所都不敢去。直到第二天早上。

不上网查询,你仍然不知道尼采的名字该如何拼写。

你早上仍然不想整理床铺,同样,因为太懒,你也不愿意熨烫床单。

你骑车时,每次有车从旁边抢了你的道,你还是会像卡车司机那样大骂脏话。

虽然你从理性上会避开"坏男孩",但感性上你仍然渴望和他们谈恋爱。

你仍然没能读完《战争与和平》,但假装自己读过。随着时间流逝,你甚至学会了如何胸有成竹地谈论它。

你知道事情
和以前不一样了

当一个年轻女性说,
她希望有一天
能看起来跟你一样
的时候。

为什么是陶艺?

那是一个夏日。你当时只有十七岁,在巴黎街头闲逛。在一条铺满鹅卵石的街道上,拐角处坐落着一家不同寻常的小店。小店窗户上悬挂着干花,旁边挂着几幅品位成谜的画。墙上斜靠着一条条木板,落满尘埃的罐子堆放在摇摇晃晃的架子上。你以为自己找到了一个艺术家的小窝,或者一家新开的小餐馆。透过脏兮兮的窗户,你窥见了里面的动静:一群坐在脚凳上的老人,一些在咯咯轻笑,另一些全神贯注,不停旋转双手之间的不明物体。基于对小学那节准备父亲节礼物的美术课的记忆,你终于发现这是一节陶艺课。

可怜的老家伙们,他们找不到其他的乐子了。你一边在旁观察,一边想象着他们枯燥无味的日常生活:每天下午,要么玩填字游戏,要么去杂物店购物,或者在家午睡。接下来,对了!不如叫上那谁,去陶艺课打发时间吧。

离开前,你最后瞟了他们一眼。这一次你甚至觉得这场景有点儿感人——他们姿势怪异,却集合了专注和虔诚。**你边走边想,祖辈那一代人正慢慢从历史舞台落幕。**见证这些"最后的恐龙"让你的内心深受触动,因为可以确定的是:正如编织和打桥牌一样,一个世纪之后，没人会知道用手捏大块泥土是什么感觉。

然后，你很快忘了这次经历，正如将其他东西抛诸脑后一样。你迎接了新世纪的黎明，生活继续下去。

* * *

接着有一天，你和一个老朋友共进午餐，她告诉你正考虑辞掉现在的工作。"你知道吗？自以为是的混账和玩阴谋的卑鄙小人太多了。"她想给生活来个彻底的改变，从事自己真正热爱的工作。她担心你会质疑或批评她的决定——虽然你是她信任的朋友，但同时也是个典型的巴黎势利眼。"这是实话。"她说。的确，她想要的是你的祝福，而不是点评。毕竟你这位身为文艺界顶尖编辑之一的朋友，刚刚宣布她想开一家陶艺馆。

你一开口，高八度的声音把自己都吓了一跳。同时，嗓音中带着焦躁的鼻音（惊慌的语调暴露了你真实的内心）。令你自己都感到惊讶的是，你说："你接收我这样的初学者吗？"

* * *

普鲁斯特的小玛德莱娜蛋糕……这一刻，那些记忆突然向你涌来，又苦又涩，如同一拳打在你的下巴上。记忆里那位站在洒满阳光街道上的青春少女，已经变成了一位年近不惑的女人，对那些手工制作瓷盘、彩釉以及烧窑蠢蠢欲动。

实际上，自从你陪伴四岁侄女玩了培乐多彩泥后，这些念头就已经在脑海里萦绕好几个月了。你仿佛被钉在了餐桌上，哪怕你的侄女已经跑去了其他地方，你还是一动不动。你听到什么东西"滴答"了一声。内心深处涌起一股渴望，你想把手指插进软软的黏土里。时间停滞，你身边的房间消失了，脑海中浮现出《人鬼情未了》中黛米·摩尔的样子。陶艺可以很性感，正如片中的主题曲所唱："哦，我的爱人，我的情人，我渴望你的爱抚……"

于是你开始了陶艺课。你坐在垫子上，爱不释手地玩着黏土。当你用手指抹平、按压这团黏稠的泥糊时，你感受到阵阵不同寻常、类似性爱的快感。陶艺色情艺术，你想。撞击，拉扯，切割，揉捏，爱抚。你的心跳逐渐慢下来，身体慢慢放松。以腰部为原点发散出阵阵暖意。毫无疑问，你结束一天繁忙的工作赶到姐姐家，只为在培乐多彩泥中放松自己。那种奇异的、出乎意料的幸福感渗进了你全身上下每一个细胞。你很开心，尽管包里那个小小的、用纸巾包着的烟灰缸实在不怎么好看。

* * *

你回想起在那家小店，透过窗户看到的那群微笑的陌生人。你从来都没想过，她们这么做是发自内心的。这是一种濒临高潮的体验。年少时你听到"岁数渐长的乐趣"时，以为那指的是止痛药带来的宽慰。现在的你很高兴当时的自己错了。

一些**智慧**

老一辈关于年龄和岁月流逝的小建议。

我们从祖母或她们的朋友那儿听说过，从书上看到过，从女性名人的访谈中看到过。有一些很明智，有一些很奇怪，还有一些完全不能理解。这些建议让我们瞠目结舌，抑或哑然失笑。你可能会同意下列说法，也可能一点也不同意，因此我就不对它们分门别类了。且看且信吧：

"某个岁数之后，女人就只能在脸和屁股里二选一了。"
"没人会代替你进坟墓。"
"这是你自己的生活。"
"斗争的勇气，比斗争的对象更重要。"
"年纪越大，时间流逝的速度越快。"
"罗马不是一天建成的。"
"年龄不应该成为任何事的借口。"
"皮肤上的皱纹越多，你越应该熨平你的衣服。"
"所谓的生日，不过是比昨天多了一天而已。"
"别让'败类'进入你的生活。"

别为那些从没做过的事情后悔，比如玩得更疯狂或多找几个情人。如果你当时没这么做，说明你并不想，也没做好准备。如果做了的话，就不是你了。

你知道事情
和以前不一样了

当你早早
上床睡觉,
只为第二天
精力充沛的时候。

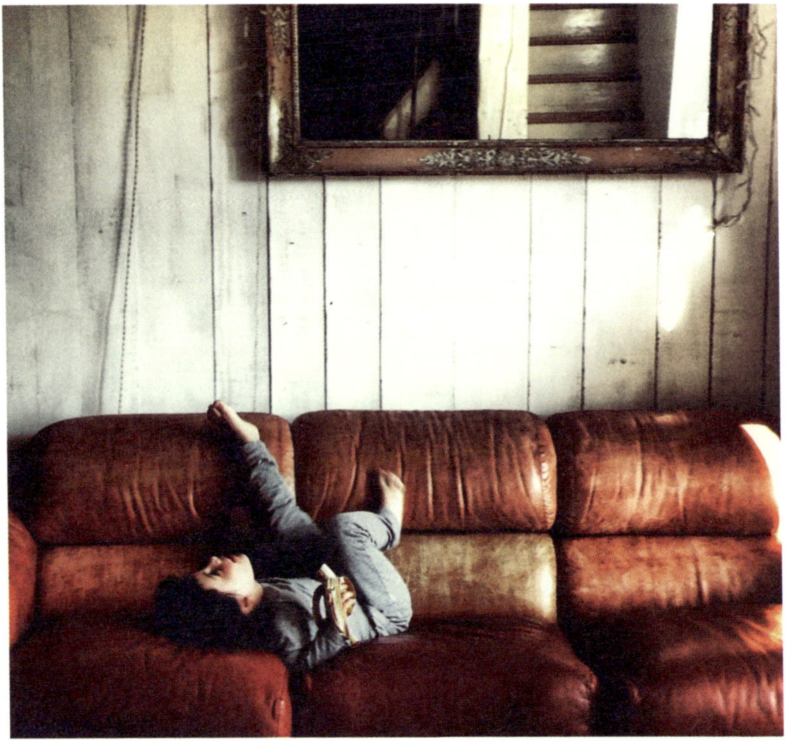

你不能阻止年岁增长，
但你不一定非得变老。

——乔治·伯恩斯

前戏

他的手机在床头柜上。

他正在淋浴。

突然间，你感受到一阵冲动。你知道这是不对的，你不应该这么做……

但不幸的是，你知道他的手机密码。

现在，他那该死的手机正直勾勾瞪着你，肆无忌惮地喊着你的名字。你的手颤抖起来，你犹豫了。

你知道这句格言："玩火之人必自焚。"的确，这没错。每次你窥探别人的手机时，火苗好像又被拨旺了一点。你的心跳慢了几拍——或干脆碎成了齑粉。

所以，接下来该怎么办？你想继续读手上的小说，但已经太迟了。

你开始恐慌起来。这样的机会并不常有,万一错过了怎么办?你竖起耳朵,仔细聆听卫生间里的声音,迅速做出了判断:你有大约两分钟的时间来进行这次偷偷摸摸的搜查。你拿到了手机,正要输入密码,但是,等等。

这一瞬间,你脑中仿佛用快进键播放了一部影片:

* 输入密码时,你的心脏会剧烈跳动,濒临发作边缘。

* 你会手忙脚乱地浏览各种信息和社交软件。

* 你会发现一些不熟悉的名字。

* 你会筛选出那些有疑点的信息,努力回想自己那晚在哪儿。

* 然后你体验到了拳头打在肚子上的感觉。

* 这种感觉让你肾上腺素飙升。

* 这就是你一直渴望，一直寻求的疼痛。虽然你不明白自己为何会这样。

* 从一些隐秘的话语中，你想象到不同的场景。

* 你感到伤心，觉得自己被背叛了。

* 你会冲进浴室，挥舞着他的手机，朝他大吵大叫。

* 你会尖叫、哭泣、威胁。

* 然后是持续数小时的争吵、辩驳和冷战。

卫生间的水声停了。也许是你太多疑，但不管这一切是否真实，你都知道自己已经对整个故事心知肚明。你骄傲地放下了手机。

毫不费力的
生活

每个问题都有其对应的解决方法。这是你的座右铭,从儿时起就没有变过。二十岁的你十分害羞,不敢当众狂舞和跟陌生帅哥搭讪——药物帮你解决了这个问题。随后几年,你用紧急避孕药代替了短效避孕药,因为有时会忘记服用后者。接着你开始尝试减肥药,因为它承诺能让你像变魔术般"融化"掉冬天堆积的脂肪,连手指都不用抬一下。然而直到度假时,你都没能减掉大腿上多余的"行李"。尽管如此,你对那些神奇的小药丸依然深信不疑。

接下来是各种膳食补品：你梦想的一切都在这些瓶子里。心烦气躁、对周围的一切甚至你自己都看不顺眼？别说了，肯定缺镁，每天服用药丸两次。越来越健忘？多元不饱和脂肪酸能增强记忆力和专注力。脱发？那就在早餐和晚餐时摄入啤酒酵母。

一年年过去，光阴似箭。你像疯狂的科学家般，用陌生又美好的分子制造了一系列奇异的混合物。你的药箱比祖母的更大更重，你知道自己很快就会每晚都吞下一把小药片。至于成效，多少还算让人满意。你想过这可能是自我安慰，但谁在意呢？**你需要药片，大量药片，更多的药片，来让自己放松**。一切都会好起来的。你有点儿矫枉过正了：试图用并不完全正确的科学来控制一切，这不是一种健康的生活态度。

某天，你突然醍醐灌顶：你生活的最大阻力，其实是意志力的极度缺乏。你希望这些药片能像魔术般，在一个响指的时间内解决问题，你想不费吹灰之力就能享受成功的喜悦。

你忽视了真相。

一秒之后你问自己：

能治这毛病的药片在哪儿？

母与子

L觉得自己在互联网上表现得还不错。

她注册了"Instagram",给自己定下了几条必须遵守的规则：不展示自己的照片（毕竟，自拍是有年龄限制的），不用大量的家族照片烦扰大家（说实话，根本没人在意）。于是，她分享的内容仅限于风景、旅游建议以及设计理念。她达到了一种平衡，也有了数百个粉丝，基本是跟她所见略同的人。这么一来，她就能够放心大胆地关注陌生人并窥视他们的生活，不必因他们的评论而感觉丢脸或伤自尊了。她觉得网上那些不愉快的遭遇离她很远，直到某天她的朋友，带着一丝幸灾乐祸的笑容，问她对这个"大新闻"怎么看。

"什么新闻？"

"你儿子的新女友呀。"

"……"

"你没看照片吗？"

这次对话打开了L不安情绪的大门：她的儿子，她亲爱的小男孩，不仅有女友，并且还有自己的"Instagram"账号！她对这个账号一无所知，她的儿子却通过了她朋友的好友申请。现在，她的朋友能够触及自己儿子生活的秘密了。她有种想哭的冲动。幸运的是，她成功遏制住了自己。她知道这样有些孩子气和反应过度，但仍然感觉受到了排斥。随后她试图说服自己：我们应该尊重孩子的隐私，哪怕他们莫名其妙地决定用牙齿咬断自己的脐带。

她回到家，一边在客厅读书，一边等大儿子放学回家。当他回家时，她抬头看着他，说："我还不知道你有个账号呢。"

"什么？"

"'Instagram'账号。"

"噢，没错。"

"我要加你。"

"不行。如果你那么做，我只能忽略你的申请。"

砰！一记始料未及的迎头重击。被他的世界拒绝，这太让人难受了。

接下来的几天，L思考了很多事情：关于这个账户，关于孩子的生活，关于在她眼皮底下发生的这些事。她怀疑自己犯了一个错误。她一直以为，自己是那种孩子可以对她倾诉任何事情的酷酷的妈妈。但她想得最多的还是那个朋友，那个能够踏足对她来说是禁区的朋友。

在家里，她几乎不跟大儿子交谈了。她并不是真有多生气，而是不知道该如何开启这个话题，于是干脆沉默。她害怕一旦自己开口说话，"Instagram"这个词就会像打嗝一样蹦出来。小儿子似乎对家里这种诡异的氛围感到十分担心。某天晚上，他们三人坐在桌边吃晚饭。吃意大利面时，大儿子一直看着她，然后叹了口气。

"好吧。"

"什么？"

"我会通过你的申请。"

"但我没有要求你……"

他翻了个白眼，站起身，回到房间，留下母亲和弟弟在桌边。过了一会儿，L不明白为什么他还没回来，于是抓过手机刷新了关注页面，一遍又一遍。什么都没有。她的小儿子摇了摇头。

"等一会儿。"

"为什么？"

"他在清理页面。"

"删除已发内容吗？"

"很明显啊。"

L火冒三丈,想要立刻冲进儿子的房间。她并不想逼迫他向自己展示生活中的隐私,而是想要他发自内心地"自愿"跟她——这个将他带到世界上来的女人分享。

大儿子终于出来了,坐回到餐桌旁。

"好了,我加你了。"

"我知道你删除了一些照片。"

"……"

"你知道吗?这是一块很好的试金石。你不能给妈妈看的照片,可能也不该发到网上。"

"……"

"你知道吗?不管你在网上发布什么内容,它们都会一直跟着你。"

"妈。"

"什么?"

"我已经十八岁了。"

你知道事情
和以前不一样了

当你发现
自己每天
都不得不化妆
的时候。

适合你的款式

她也有柔软的一面。

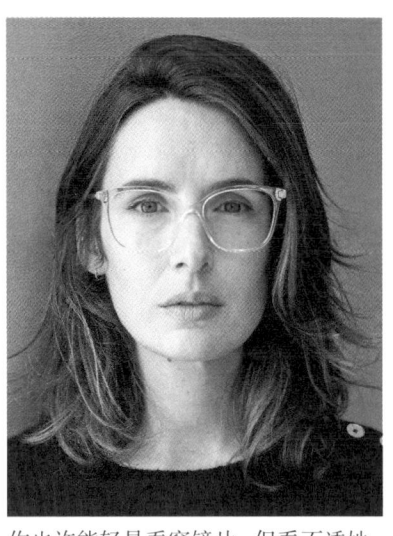

你也许能轻易看穿镜片,但看不透她。

她想要尝试新东西。

一个想改变世界的书呆子。甘地是她的精神导师。

玛格丽特·杜拉斯

她具有多面性。

她有一副更大一点儿的。

潜意识里的眼镜：戴上它，你就是那颗罕见的珍珠。

继子

继母的法语单词是"belle-mère",意思是"美丽的妈妈"。有点儿虚伪吗?也许吧。这个角色有时确实收获良多,也有获得救赎的时刻。但有时,你真想把这些责任扔到窗外——孩子们,以及他们的爸爸!

百感交集的时刻：

* 孩子们说："你又不是我妈！"

* 孩子们跟你分享秘密，因为你不是他们的爸爸。

* 你最喜欢的毛衣被"借走"了，尽管你把它藏在衣柜的最里面。

* 他们的亲生母亲，什么事都能做得比你好。

* 某天你意识到，你已经对他们视如己出。

* 发现他们的表现比你自己的孩子要糟（如果你有孩子的话）。

* 当你试着吸引并争取他们，却发现徒劳无功的时候；当你需要做的是帮助他们成长并向前看的时候。

* 当你们的关系如此亲密，别人都以为你们是亲母女的时候。

* 试着向他们解释，不能因为你不是他们的亲生母亲就不尊重你的时候。

* 当你完全没有期待，他们却为你做暖心小事的时候。

* 当你跟他们的爸爸分手时，他们似乎就会忘记你。但很多年后的某天，他们告诉你，你曾有多么重要。

长大成人

当你十来岁的时候，曾坚定不移地认为：二十八岁时，你会成为一个真正意义上的成年人。

你选择了二十八这个看上去很严肃的偶数，部分使用了排除法：它比二十五要大，后者是一个世纪的四分之一，某种程度上也是被称为"年轻人"的最后一个年龄。那时你已完成学业，离开家庭的庇护，能够自立了。在这个年纪，你终于能够挥别那些幼稚的青春期恋情，是时候考虑一下孩子的事情了。

然而实际上，在这个年龄段，你的父母和兄弟姐妹会尽情"利用"你。你这时已经有了一份工作，领着工资。如果做得足够好的话，人们会听从你的建议。总之，多亏你自己，现在你能够证明自己存在的价值。哪怕是拥有自己的驾照，开着自己的小车，内心都满载着成就感。

所有这一切肯定都能在二十八岁这个约定之时达成。人们会信任你，你不再需要父母的许可才能晚归，你能够租一辆车，开启说走就走的旅行。在这个时段，你能想干什么就干什么：睡大觉，喝酒抽烟，想怎么花钱就怎么花钱。

换句话说，你不必再顾忌任何人了。真正的自由。

* * *

二十八岁了，是时候面对事实了：

严格来说，你的确长大了：人们开始叫你"女士"而不是"小姐"。 但内心深处，你觉得自己还是个孩子，在通往成年的大门外徘徊。

菜鸟是不可能拿到驾照的。各种杂七杂八的奇怪工作只能勉强应付你的房租。梦想中的工作渺无踪影，这可能跟你对文书工作的恐惧和不愿意主动发送应聘信息有关。嗯，一定是。比起高中时期，你最近为恋爱所做的努力并没多多少。你对承诺了解得并不比"约炮"文化多。你发出暧昧不明的信号，却处处碰壁。

刚开始的时候一切看上去都挺顺利，到底是哪一步出了问题呢？

具有讽刺意味的是，二十出头时的你还是一个极有社会责任感的青年，甚至有些过于循规蹈矩。为了获取梦寐以求的自由，你决定尽到人生路上任何一个应尽的义务：在学校取得好成绩，找到工作，不让父母失望。你每天天不亮就起床，当办公室那些碌碌无为但级别高过你的员工窃取劳动成果时忍气吞声；你甚至精确填写了税费统计表格，自豪自己为社会做出了贡献——至少是象征性的。当你在自己那个阴暗的小公寓举办第一个乔迁派对时，身边围绕着因睡眠不足而顶着黑眼圈的朋友们：这无疑是他们低薪的证据。面对这一切，你不禁问自己：**我现在算是成年人了吗？这就是成年人的生活吗？**

于是，三十岁时，你决定颠覆这一切。你不欠任何人任何东西，也没必要像别人一样结婚生子。你一头扎进与之前截然相反的生活：整夜抽烟，玩网上扑克——明知这样对你毫无好处，唯一的福利是变黄的皮肤和肺癌。你大吃特吃垃圾食品，对水槽里堆积的碗碟视而不见。你不再回复父母担忧的信息，屏蔽了银行经理的电话，跟一些更加狂野的男人约会，只想看看到底会发生什么。

再说了，人们不是经常说"四十岁是新的三十岁"吗？你想活在当下，停止对白日梦的追逐，迎接每个到来的日子。**长大也可能意味着决定不负责任——时不时允许自己任性地胡作非为？**

事实上，三十多岁那些过渡的日子让你有机会反思身边的人和事。周遭的一切在缓慢聚焦，直到你发现真相其实就在身后。那些假装知道自己在干什么的人，那些一脸严肃，谈论着一无所知话题的人：他们不过是披着成年人外衣的孩童。他们化着妆，穿着西服，顶着成熟的发型，说着成年人的语言。一切不过是自欺欺人罢了。在超市里，你曾被年长的人一脸云淡风轻地插队：他们仅仅是不想伪装，而且也没必要了。他们终于敢让面具掉落下来。

你终于明白：成人期，意味着总比现在晚一些。

你长大成人的时刻，永远都在明天。

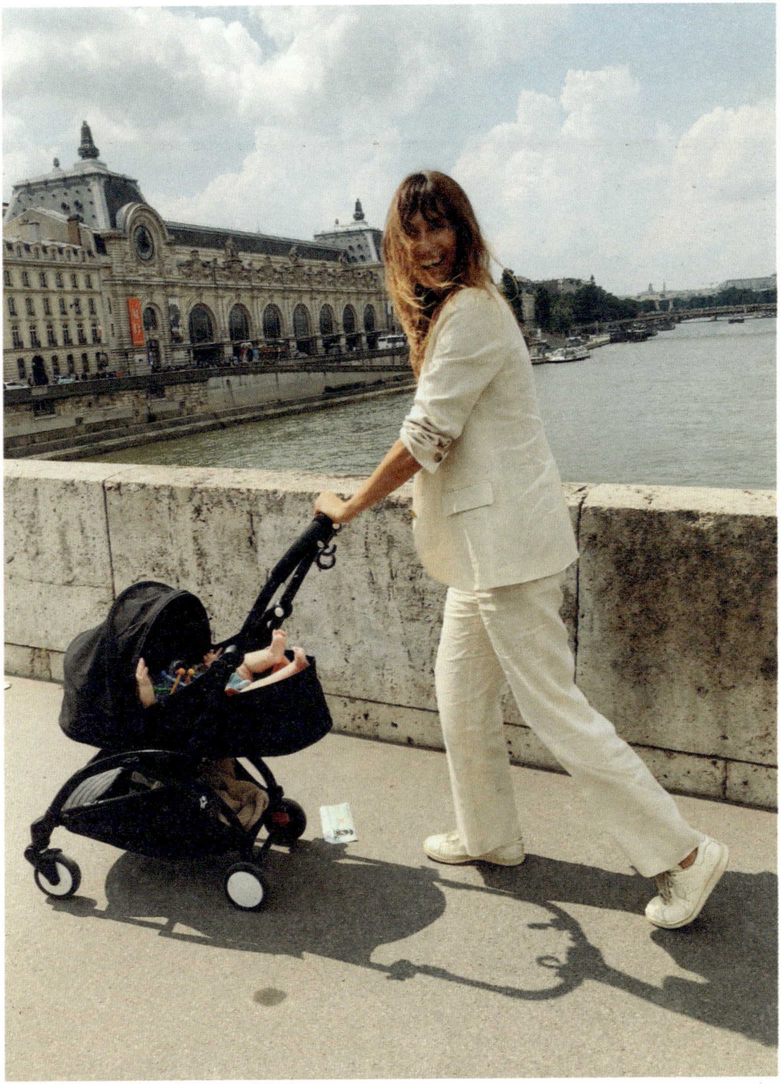

年轻十岁

在学校，每个法国女孩都学过皮埃尔·德·龙萨的诗歌。开篇是："小美人，我们去看玫瑰……"这是一个诗人爱上少女，却求而不得的故事。怀着沮丧又苦涩的心，诗人提议少女到他的花园中观赏玫瑰。他们在花丛中漫步，玫瑰一朵比一朵娇艳。然而观赏完后，诗人告诉少女，玫瑰凋零得很快——以此告诫她，总有一日，她也会变老变丑，如玫瑰般枯萎。那时，她会后悔没有将自己"花一般的青春"献给诗人。总而言之，龙萨处心积虑地向少女复仇。**因为这首诗，女孩们很早便知晓了青春和美貌转瞬即逝，我们应该为自己的退休生活早做打算。**因为好色的龙萨，或者说，多亏他的好色，我们在八岁时就知道，跟时间对抗毫无意义，因为这个混球最终总会获胜。但因为我们已经做好了准备，也就有足够的时间来思考该怎么做。也许这就是人们说法国女人老得很优雅的原因：她们不对"青春"过度痴迷。她们一开始就知道这是一场必败之仗。与其想着打赢，不如让自己看起来稍微年轻一点儿。哪怕只是一丁点儿，也很重要！

法国女性笃信这句话："珍惜你现在的容颜吧，这将是你十年后梦寐以求的脸。"**她们并不会想方设法看起来只有二十岁，而是努力看起来比实际年龄小十岁**。她从不隐瞒自己的真实年龄，因为她乐于看见对方对此的反应："真的？不可能！"（有些人甚至会多说几岁，为了使自己看起来更年轻。）这种令自己年轻十岁的艺术可谓是法国的国民运动，我们一直在努力磨炼我们的相关技艺——以一种看起来不费吹灰之力的方式。

以下是一些令你完善这项艺术的建议：

* 选择合身的衣物（比如衬衫、夹克）和料子，而不是宽松的服饰（比如T恤、毛衣）。或者把两者搭配起来：在修身夹克内搭宽松T恤。

* 一件白衬衫——棉的或亚麻的都行，稍带点儿男性化，永远是正确的选择。

* 一件完美无缺的T恤能展现你的脖子和锁骨。但小心乳沟——不露永远比露更加迷人。

* 永不满足的好奇心，永远比丰满的胸部更让你年轻。

* 注意细节：手部（以及指甲），脚部（以及鞋），头部（以及头发）。

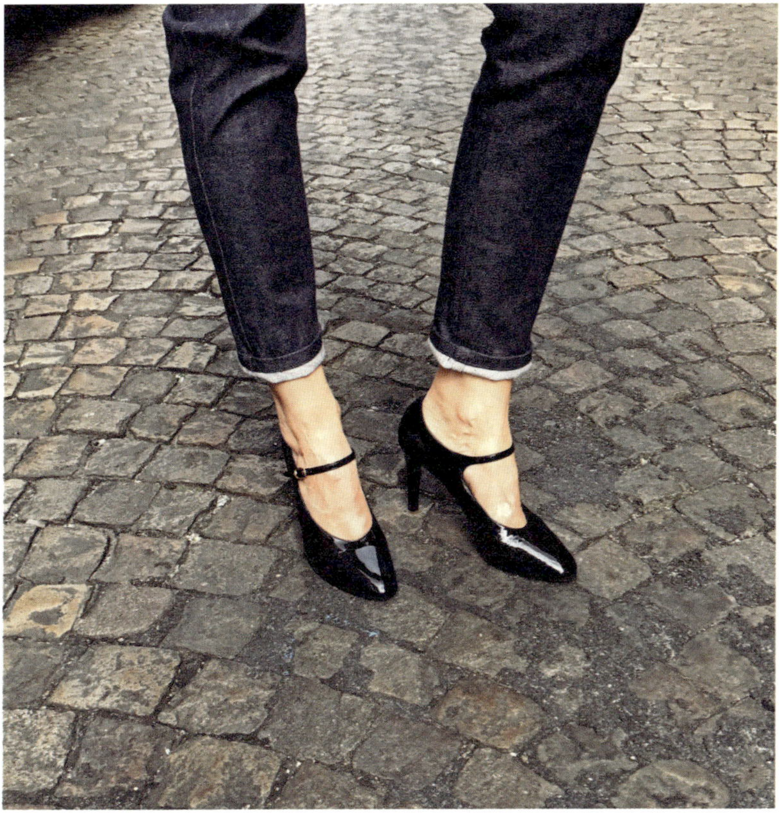

* 你的气色是最重要的，记得下点儿功夫。然后再刷上睫毛膏，就够了。

* 拍照时，要微笑！微笑永远比噘嘴可爱。不论什么时候都要保持笑容——它如同自然提拉术，能提拉你的脸部肌肤。

* 别再抽烟了。你的皮肤会感谢你。

* 少花点儿时间看镜子中的自己，多花些时间注视他人。

* 多看点儿书——皮埃尔·德·龙萨的除外！

* 为了气色好，你需要完美的肌肤。记得每晚卸妆，哪怕你并没化妆。

* 这一切都跟你的态度，而不是皮肤的紧实度有关。青春不可或缺的要素除了紧实的双腿，还有自由和快乐。

* 对一切都保持好奇心。

* 一杯上好的红酒，胜过几杯劣质的伏特加。

* 尽量少晒太阳，记得戴帽子和涂防晒霜。比起价格媲美鱼子酱的滋养面霜，它们便宜、有效多了。

* 太瘦会导致你的皮肤失去光泽，皱巴巴的。冒着看上去老十岁的风险拼命减肥，实在是得不偿失。

* 脸部按摩能深入细胞组织，延缓肌肤松弛。巴黎女人只会口口相传她们最好的按摩师。这是她们美貌的秘诀，也是一项长期投资。一月一次脸部按摩，整形医生不来找你。

* 好好呵护你的眉毛。除草不要太频繁，也不要让花园恣意生长。

* 注意摄入的糖分，无论是在饮料、甜点还是酒精里。糖分会令你的身材变形，并且看上去疲惫不堪。

* 仔细观察你的母亲。反省一下自己身上有哪些类似的缺点，并努力改正。

那些
你终于
挺过去的
事情

* 没有回报的爱情。

* 生小孩。

* 生完小孩的第一个月。

* 把一条说朋友坏话的信息错发给了那个朋友。他/她也许并不是你真正的朋友。

* 工作过度劳累——这几乎是获得一份具有成就感的事业的必经之路。

* 离婚。

* 极度孤独。

* 戒烟。

* 文在身上的姓名首字母大写。然而现在你已经记不起他们的全名了。

* 你最喜欢的剧集的结束。

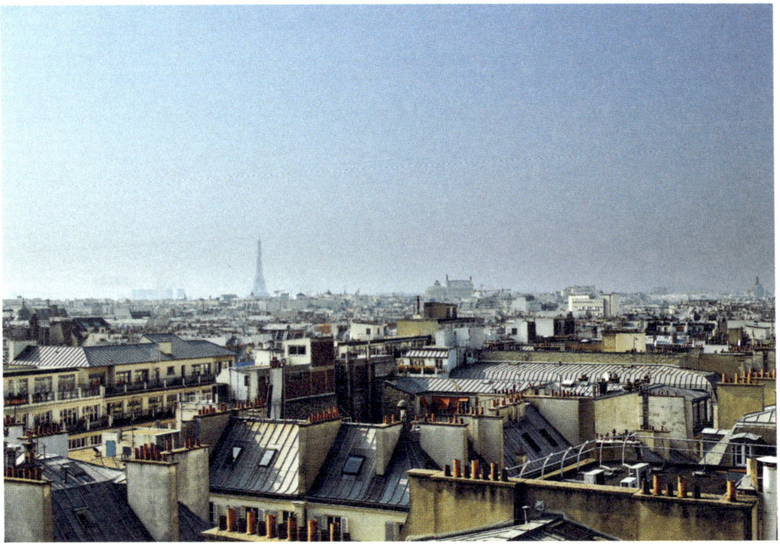

巴黎那些
时光停滞的地方

酒店

带点儿巴黎乡村风情
大学校酒店（HÔTEL DES GRANDES ÉCOLES）
75 Rue du Cardinal Lemoine, Paris 05

一座源自 1870 年的庄园
朗格鲁瓦酒店（HÔTEL LANGLOIS）
63 Rue Sain-Lazare, Paris 09

始于 1900 年，面朝杜乐丽花园
雷吉娜酒店（HÔTEL RÉGINA）
2 Place des Pyramides, Paris 01

传统的 19 世纪酒店
萧邦酒店（HÔTEL CHOPIN）
46 Passage Jouffroy, Paris 09

餐厅

巴黎酒馆
力普啤酒馆（BRASSERIE LIPP）
151 Boulevard Saint-Germain, Paris 06

20 世纪 30 年代的米其林星级酒馆
炖鸡盅（LA POULE AU POT）
9 Rue Vauvilliers, Paris 01

传统法式美食
小圣贝诺特（LE PETIT SAINT BENOIT）
4 Rue Saint-Beniot, Paris 06

创立于 1896 年的餐厅
能人居（BOUILLON CHARTIER）
7 Rue du Faubourg Montmartre, Paris 09

比特肖蒙公园核心区域的大露台
普韦布拉亭（PAVILLON PUEBLA）
Parc des Buttes Chaumont Avenue Darcel, Paris 19

位于火车站的餐厅（1900）
蓝火车餐厅（LE TRAIN BLEU）
Gare de Lyon, Place Louis-Armand, Paris 12

美食小酒馆（1900）
查尔德努餐厅（LE CHARDENOUX）
1 Rue Jules Vallès, Paris 11

复古酒馆
高脚杯酒吧（LE VERRE À PIED）
118 Rue Mouffetard, Paris 05

传奇的中餐厅
幸福楼（LE PRESIDENT）
120 Rue du Faubourg du Temple, Paris 11

适合音乐会后去的餐厅
奥博夫库罗那餐厅（AU BOEUF COURONNÉ）
188 Avenue Jean Jaurès, Paris 19

20 世纪 30 年代装饰风格的上佳粗麦粉店
奥马尔之家（CHEZ OMAR）
47 Rue de Bretagne, Paris 03

富有历史感的海鲜酒馆
维普勒餐厅（LE WEPLER）
14 Place de Clichy, Paris 18

20 世纪初风格的日料店
国虎屋（KUNITORAYA 2）
5 Rue Villédo, Paris 01

咖啡馆

典型圣日耳曼风格
鲁凯咖啡馆（LE ROUQUET）
188 Boulevard Saint-Germain, Paris 07

可以步行至卢森堡公园的咖啡厅
弗勒鲁斯咖啡厅（CAFÉ FLEURUS）
2 Rue de Fleurus, Paris 06

美好年代茶室
安吉丽娜（ANGELINA）
226 Rue de Rivoli, Paris 01

供应日式点心和咖啡
虎屋（TORAYA）
10 Rue Saint-Florentin, Paris 01

跳蚤市场附近爵士风格
跳蚤市场酒馆（LA CHOPE DES PUCES）
122 Rue des Rosiers, Saint-Quen

酒吧

20 世纪 30 年代爵士风格
玫瑰花蕾（ROSEBUD）
11 Rue Delambre, Paris 14

纽约风格的百年老酒吧
哈利纽约酒吧（HARRY'S NEW YORK BAR）
5 Rue Daunou, Paris 02

20 世纪 50 年代酒吧
卡米尔家（CHEZ CAMILLE）
8 Rue Ravignan, Paris 18

可在大厅跳舞的酒吧
于塞特地下酒吧（LE CAVEAU DE LA HUCHETTE）
5 Rue de la Huchette, Paris 05

购物

出售天然美容产品的香氛和药妆店
Buly 1803（OFFICINE UNIVERSELLE BULY 1803）
6 Rue Bonaparte, Paris 06

巴黎最时髦的陶器店
阿斯蒂尔·德·拉维特（ASTIER DE VILLATTE）
173 Rue Saint-Honoré, Paris 01

充满艺术氛围的书店
贵族书店（LIBRAIRIE DE NOBELE）
3 Rue Bonaparte, Paris 06

英语书店
莎士比亚书店（SHAKESPEARE & COMPANY）
37 Rue de la Bûcherie, Paris 05

能在有屋顶的长廊内购物
维侯多达拱廊街（GALERIE VÉRO-DODAT）
19 Rue Jean-Jacques Rousseau, Paris 01

复古珠宝店
达利家（DARY'S）
362 Rue Saint-Honoré, 75001 Paris

卖古董的跳蚤市场
圣图安跳蚤市场（LE MARCHÉ VERNAISON）
99 Rue des Rosiers, Saint-Quen

1920年开张的布料殿堂
圣皮埃尔集市（MARCHÉ SAINT PIERRE）
2 Rue Charles Nodier, Paris 18

中东和亚洲风格的杂货店
伊瑟里（IZRAËL）
30 Rue Francois Miron, Paris 04

娱乐

巴黎典型的蔬菜贩售市场（1921）
蒙日集市（MARCHÉ MONGE）
1 Place Monge, Paris 05

室内食品集市（1843）
波沃集市（MARCHÉ BEAUVAU）
Place d'Aligre, Paris 12

奥弗涅产品专卖店
德里之家（CHEZ TEIL）
6 Rue de Lappe, Paris 11

复古糕点店
小伙计甜饼屋（LES PETITS MITRONS）
26 Rue Lepic, Paris 18

卖巧克力
主妇蛋糕店（À LA MÈRE DE FAMILLE）
35 Rue du Faubourg, Montmartre, Paris 09

20 世纪 80 年代游泳馆
帕耶龙游泳池（PISCINE PAILLERON）
32 Rue Edouard Pailleron, Paris 19

巴黎按摩的好去处
拉达（LADDA）
32 Rue de Paradis, Paris 10

电影院
卢克索尔（LE LOUXOR）
170 Boulevard de Magenta, Paris 10

独立艺术剧院
克里斯汀 21（CHRISTINE 21）
4 Rue Christine, Paris 06

芭蕾舞剧院
巴黎歌剧院（PALAIS GARNIER）
Plave de l'Opéra, Paris 09

巴黎学生图书馆（1851）
圣吉纳维夫图书馆
（BIBLIOTHÈQUE SAINTE GENEVIEVE）
10 Place du Panthéon, Paris 05

西班牙摩尔风格的清真寺
（1922—1926）
巴黎大清真寺（LA GRANDE MOSQUÉE）
2 bis Place du Puits de l'Ermite, Paris 09

画家古斯塔夫·莫罗的工作室
古斯塔夫·莫罗博物馆（MUSÉE GUSTAVE MOREAU）
14 Rue de la Rochefoucauld, Paris 09

雕塑家安东尼·布德尔的公寓
布德尔博物馆（MUSÉE BOURDELLE）
18 Rue Antoine Bourdelle, Paris 15

雕塑家康斯坦丁·布朗库西工作室的复制
布朗库西工作室（ATELIER BRÂNCUSI）
Place Georges Pompidou, Paris 04

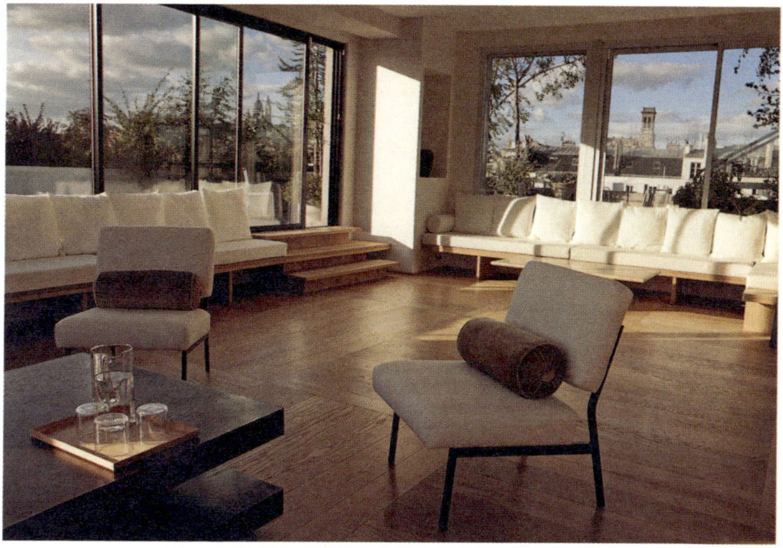

致谢

感谢 Shelley Wanger, Susanna Lea, Mark Kessler, Bette Alexander, Pei Loi Koay, Naja Baldwin, Christian Bragg, 和 BLK DNM 的 Johan Lindeberg。

还有: Angloma, Camille Arnaud, Joseph Belingard, Marc Le Bihan 的 Yoan Benzaquen, Berest 一家, Diane Carcassonne, Chanel, Philippe Cerboneschi, Diana Chen, Chertok 一家, Rhizlaine El Cohen, Laurent Fetis, Guy Fischer, Saraï Fiszel, Françoise Gavalda, Kerry Glencorse, Clémentine Goldszal, Honorine Goueth, Alizée Guinochet, Sébastien Haas, Raphaël Hamburger, Lubna Karmitz, Ladda Paris, Yaël Langmann, Rémi de Laquintane, Magdalena Lawniczak, Marc Le Bruchec, Zen and Akiro Lefort, Lefort 一家, Marc-Edouard Léon, 安全管理部的 Saif Mahdhi, Stéphane Manel, Tessa Manel, Mas 一家, Jules and Arthur Mas, Amanda Messenger, Judith Meyerson, Jacqueline Ngo Mpii, Priscille d'Orgeval, Ryan Ouimet, Lorenzo Païno Fernandez, Bertrand Le Pluard, Natalie Portman, Anton Poupaud, Yarol Poupaud, Elsa Rakotoson, Anne and Fabrice Roger-Lacan, Joachim Roncin, Xavier de Rosnay, Lourenço Sant'Anna, Céline Savoldelli, Sou Sinuvong, Studio Zéro, Rodrigo Teixeira, Alix Thomsen, Claire Tran, Camille Vizzavona, Rébecca Zlotowski。

图片来源

2	© Anton Poupaud Models: Caroline de Maigret and Yarol Poupaud		Jacqueline Ngo Mpii
6	© Stéphane Manel	80	© Olivier Amsellem
10	© Michael Ochs Archives/Getty Images Models: Charlotte Rampling and Anton Rodgers	83	© Lourenço Santnr Amsellemret Model: J
14	© Caroline de Maigret Model: Audrey Diwan	84–85	© Caroline de Maigret Models: Audrey Diwan and Céline Savoldelli
16	© Magdalena Lawniczak Model: @body_mirror	88	© Johan Lindeberg for BLK DNM Model: Caroline de Maigret
24	© Anne Berest	91	© Yarol Poupaud Model: Caroline de Maigret
28	© Ullstein bild Dtl./Getty Images Model: Katharine Hepburn	93	© Caroline de Maigret Models: Sophie Mas and Caroline de Maigret
32–33	© Caroline de Maigret Model: Lubna Playoust	97	© Yarol Poupaud Model: Caroline de Maigret
36, 38, 41	© Caroline de Maigret Model: Honorine Goueth	104	© Caroline de Maigret Model: Elsa Rakotoson
42	© Michael Putland/Getty Images Model: Keith Richards	106	© Caroline de Maigret Model: Anne Berest; painting © Stephane Manel
45	© Mondadori Portfolio/Getty Images Model: Grace Jones	108	© Caroline de Maigret Model: Lubna Playoust
49	© Caroline de Maigret	111	© Caroline de Maigret Model: Alizée Guinochet
54	© Caroline de Maigret Models: Anne Berest and Rhizlaine El Cohen, and Caroline de Maigret	114	© Yarol Poupaud Model: Caroline de Maigret
57	© Joachim Roncin	116	© Caroline de Maigret
59	© Heritage Images/Getty Images	120	© Caroline de Maigret Model: Claire Tran
60	© Caroline de Maigret	122	© Caroline de Maigret
62	© Caroline de Maigret Models: Sophie Mas and Claire Tran	125, 128	© Heritage Images/Getty Images
68	© Caroline de Maigret	131	© Bertrand Le Pluard Model: Caroline de Maigret
74	© Caroline de Maigret Model: Anne Berest	133	© Lorenzo Païno Fernandez Models: Sophie Mas and Zen Lefort
77	© Caroline de Maigret Model:	134	© Stéphane Manel

140 © Magdalena Lawniczak @body_mirror Model: Maria Loks-Thompson
147 © Zen Lefort Model: Sophie Mas
151 © Caroline de Maigret
154–155 © Johan Lindeberg for BLK DNM Model: Caroline de Maigret
160 Models: Magdalena Lawniczak and Jules Mas
165–171 © Caroline de Maigret
172 © Michael Ochs Archives/Getty Images Model: David Bowie
174 © Stéphane Manel
176–177 © Yarol Poupaud
180 © Stéphane Manel
186 © Magdalena Lawniczak Models: Arthur Mas and Jules Mas
192 © recep-bg/Getty Images
196 © Caroline de Maigret
199 © Caroline de Maigret
202 © Yarol Poupaud Model: Caroline de Maigret
206 © Caroline de Maigret
210 © Charles Bonnay/Getty Images Model: Anouk Aimée
214 © Anne Berest Model: Tessa Manel
216 © Silver Screen Collection/Getty Images Models: Steve McQueen and Tuesday Weld
220 © Yarol Poupaud Model: Caroline de Maigret
222 © Caroline de Maigret
228–229 © Caroline de Maigret Model: Sophie Mas
230 © Caroline de Maigret Model: Sophie Mas
232 © Rémi de Laquintane Model: Caroline de Maigret
237 © Caroline de Maigret
238 Anthony Barboza/Getty Images Model: Grace Jones
241 © Caroline de Maigret
246–247 © Caroline de Maigret
248 © Hervé Goluza La Poule au Pot
249 © Thomas Dhellemmes Le Chardenoux
250 © Caroline de Maigret Café Bonaparte
251 © Caroline de Maigret Buly
252 © Alexandre Guirkinger À la Mère de Famille
253 © Caroline de Maigret Model: Jacqueline Ngo Mpii
254 © Caroline de Maigret Model: Lubna Playoust
255 © Ladda

259